U0257313

甘蓝型油菜
新种质创新

杜才富 向 阳 等著

中国农业出版社
北 京

著者名单

杜才富　向　阳　高　捷　秦信蓉　喻时周
代文东　梁龙兵　王　涛　陈建军　张　林
陈星灼　程尚明　江　兵　朱文秀

一、本书编入的种质资源是贵州省油菜研究所经过多年选育具有特异性状的甘蓝型油菜新种质资源162份。

二、本书编排时按恢复系、不育系、常规品系、菜用油菜和饲用油菜顺序编入。

三、命名162份材料的大写字母A代表矮秆、D代表多个、J代表茎、Y代表叶、M代表密角、R代表恢复系、B代表两型系和保持系、T代表甘蓝型多主序和薹用油菜、S代表甘蓝型饲用油菜。

四、种质资源介绍大体分为四部分：第一部分是材料来源、所属类型；第二部分是主要特征特性；第三部分是品质性状；第四部分是特异性状。

五、种子芥酸、硫苷、含油量、蛋白质和油酸含量由贵州省油菜研究所近红外仪器检测。水分含量由杰科斯JK 100R水分测量仪测量，维生素C、β胡萝卜素和钙含量由贵州省产品质量检验检测院根据GB 5009.268—2016《食品安全国家标准 食品中多元素的测定》、GB 5009.83—2016《食品安全国家标准 食品中胡萝卜素的测定》等国家食品安全标准测定，饲料油菜植株粗蛋白含量测定按照GB/T 6432—2018 7.2国家标准执行。

六、根据种质资源在发育过程中对温度和光照条件反应的特性，分为冬性、半冬性和春性等。本书编入的材料均为半冬性材料。

七、苗期生长习性，指油菜越冬前的生长状态，分为匍匐、半直立、直立三种。叶片与地面呈30°以下夹角的为匍匐，呈30°～60°夹角的为半直立，呈60°以上夹角的为直立。

八、分枝习性，指第一次分枝在主茎上着生的状态，分上生分枝型、匀生分枝型、下生分枝型。集中着生于主茎下部的为下生分枝型（包括丛生型），在主茎上均匀着生的为匀生分枝型，集中着生于主茎上部的为上生分枝型。

九、株型，指成熟时的植株形态，为筒形、扇形、帚形三种。

筒形：主花序不发达，分枝多集中在下部，植株较矮，一般主序与分枝顶端相齐。

扇形：主花序较发达，分枝高度较低，分枝从上到下形成梯度。

帚形：主花序发达，分枝多集中在主茎中上部。

十、基叶叶形，指基叶定型叶的叶片形态，分完整叶、裂叶、花叶三种。

完整叶：叶身完整无裂片。

裂叶：分浅裂叶和深裂叶两种。浅裂叶的叶身下部不达中肋，未形成侧裂片；深裂叶的叶身下部缺刻深至中肋，形成侧裂片，侧裂片一般成对着生、对数不等。

花叶：叶身呈不规则深缺裂，叶身顶部不明显。

十一、最大叶长、最大叶宽，指油菜开盘期最大叶的最大叶长、最大叶宽。

十二、主茎总叶片数，指着生在主茎上的叶片数。

十三、花瓣着生状态，指当天完全开放的花冠状态，有覆瓦、侧叠、分离三种。

十四、角果着生状态，按果身与果轴所成的角度，分为三种。

平生型：果身斜向上生长，与果轴呈50°左右夹角。

直生型：果身基本垂直于果轴。

垂生型：果身下垂。

十五、角果长度，指果身长度，不包括果柄和果喙。

十六、主茎数，主茎由子叶以上的上胚轴芽向上发展形成，主茎的个数为主茎数。

十七、生育期，指出苗到成熟的天数。

十八、角果密度，指主花序角果数（个）与主花序长度（厘米）的比值。大于1.8个/厘米的种质资源为密角种质资源。

中国油菜发展历史从大面积种植白菜型、芥菜型油菜开始到20世纪引进甘蓝型油菜种植，到自主研发了甘蓝型油菜高产抗病常规品种中油821，发现了世界第一个具有重大利用价值的波里马细胞质雄性不育系，育成了世界第一杂交油菜品种秦油2号；从引进低芥酸低硫的种质资源，到创新育成油研7号、华杂4号等一批双低油菜品种，并在全国大面积推广应用；国家油菜品种审定标准制度改革，增加了产油量的指标后，我国的油菜育种向着高产双低高油方向迈进，育成了油研9号、油研10号、中双11等高油双低品种，并在生产上应用，含油率比原来品种提升了5个百分点。我国油菜每一次发展进步都与油菜新种质的发现创新和引进直接相关，现在我国油菜产业发展又到了一个关键时期，亟须创制适宜机械化轻简化耐密植的甘蓝型油菜新种质资源，以满足目前生产的重大需求。

贵州油菜的育种创新在全国许多高校、科研院所特别是华中农业大学和中国农业科学院油料作物研究所的支持帮助下，从引进、消化、吸收、利用到再创新发展上，与全国油菜科研发展同步，共同见证了中国油菜从非优质发展到双低杂交油菜、从双低油菜向黄籽高油分双低杂交油菜发展的历程。

贵州油菜新种质创新紧紧围绕习近平新时代中国特色社会主义思想，按照科学技术要坚持面向世界科技前沿、面向经济主战场、面向国家重大需求和面向人民生命健康指导思想进行研究。本书主要是针对甘蓝型油菜隐性核不育恢复系、萝卜细胞质雄性不育恢复系、隐性核不育两型系、萝卜细胞质雄性不育保持系、常规品系材料、菜用油菜和饲用油菜等类型创新材料，共编制162份材料进行介绍并附图片。在油菜主花着果密度上进行创新，从传统油菜的主花序角果100个左右到创新油菜主花序角果200～300个；从传统油菜的主茎叶片数为25叶左右到创新油菜的主茎叶片数可达100叶以上等进行了创新研究；构思着油菜在机械化轻简化种植条件下，种植密度达到3万～5万株及以上，在少分枝或无分枝情况下，仅靠主花序角果就能获得很高产量。

由于是油菜的新种质创新，我们在种植、考察、考种过程中对材料的认识可能不够准确和全面，掌握的数据不够充分。因此，难免存在疏漏与不足之处，敬请读者批评指正。

杜才富

2021年10月28日

　　我国油菜种植面积超过1亿亩*，总产量达1 300多万吨，占世界种植面积和产量的四分之一左右，油菜产油量占国产油料作物产油量55%左右，是国产植物油第一大油源，但食用油对外依存度仍达65%以上。油菜作为中国长江流域重要的越冬农作物，具有不与粮争地的优势，全国尚有待开发利用冬闲田面积约为427万公顷，未来仍然有260万吨菜籽油的生产潜力可挖。

　　我国油菜产量单产135千克/亩，达到世界平均单产水平，但与世界油菜主产国加拿大单产154.7千克/亩相比，还有较大差距。由于我国油菜单产偏低，种植比较效益较低，适于轻简化机械化的高产油菜品种缺乏，导致生产成本居高不下，已影响了农民种油菜的积极性和油菜产业的正常发展。制约轻简化机械化进程的最大限制因素是缺乏适宜机械化生产的油菜品种，油菜种植面积特别是长江中下游地区面临连年下滑局面，如何破局，唯有创新。

　　中国完成了第一个百年奋斗目标，正在向第二个百年奋斗目标迈进，中国特色社会主义从高速发展进入了高质量发展的历史交汇期，油菜产业发展同样面临着重大转型，在土地零星化、农村劳动力大量转移前提下，油菜轻简化机械化种植要获得更高产量，核心需求是适宜于轻简化机械化耐密植的高产品种，即种业的芯片，而创新油菜种质资源，是解决此问题的关键一招。

　　在农业农村部和贵州省委省政府的领导下，在贵州省财政厅、农业农村厅、科技厅和农业科学院等大力支持下，特别是在贵州省原副省长刘远坤老领导的亲切关怀下，贵州省油菜研究所油菜育种创新团队多年来，紧紧围绕国家油菜产业的重大需求，力求创制适宜于机械化轻简化高密果耐密植甘蓝型油菜新种质材料，目前创新小有收获，因此将近十年研究成果进行小结并撰写成书。参加本书撰写的作者均在油菜育种领域工作多年，根据每位作者的研究方向和育种实践，分工撰写。本书主要针对甘蓝型油菜隐性核不育恢复系、萝卜细胞质雄性不育恢复系、隐性核不育两型系、萝卜细胞质雄性不育保持系、常规品系材料、菜用油菜和饲用油菜等类型创新材料，对162份材料进行介绍并附图片。由于时间仓促，书中难免存在疏漏与不足，敬请读者和同行批评指正。

贵州省油菜研究所油菜育种创新团队
2021年10月28日

　　* 亩为非法定计量单位，1亩＝1/15公顷。——编者注

CONTENTS • **目 录**

第三章 甘蓝型油菜常规品系 ………………………………………… 91

第四章　功能型菜用及饲用油菜品系　139

第一章
甘蓝型油菜雄性不育恢复系

　　本章编入了36个具有特异性状的甘蓝型油菜隐性核不育恢复材料和萝卜胞质恢复系。这些材料在每亩种植4 500株左右时，其性状表现：主花序角果密度1.12 ~ 5.00个/厘米，单株总角果数262 ~ 1 544个，主花序角果数44 ~ 320个，主茎叶片数46 ~ 86叶。其中部分材料具有特殊大叶形状，最大叶长56厘米，最大叶宽22厘米，主茎数1 ~ 12个，株高130 ~ 249厘米，有效分枝部位高度15 ~ 149厘米，一次分枝数3 ~ 31个，角果长度4.74 ~ 11.5厘米，角果宽度0.37 ~ 0.66厘米，每角粒数10.60 ~ 27.40粒，千粒重3.00 ~ 6.84克，芥酸0.00% ~ 27.39%，硫苷23.28 ~ 64.20微摩尔/克·饼，含油量29.21% ~ 50.81%，蛋白质17.89% ~ 29.90%，油酸35.78% ~ 71.20%。作为油菜新种质资源创新，这些材料将在油菜创新育种中具有重大的利用价值。

1.隐性核不育恢复材料MR1号

材料来源：MR1号是贵州省油菜研究所和贵州禾睦福种子有限公司利用甘蓝型油菜YD57R、显R、中双11选系经人工杂交转育，经多年多代定向选育成密角隐性核不育恢复材料。该材料已获农业农村部植物新品种权，品种权号：CNA20201000459号。

特征特性：MR1号属甘蓝型油菜半冬性隐性核不育恢复材料，育苗移栽全生育期206天；幼茎及心叶绿色，无刺毛，基叶黄绿色，叶脉白色，叶缘锯齿状，蜡粉少，半直立生长，裂叶1～2对，主茎总叶片数46叶，最大叶长29厘米，最大叶宽13厘米。薹茎绿色，薹茎叶狭长三角形、半抱茎着生状态。花瓣中、平展、侧叠着生，花黄色。匀生分枝型，株型筒形，角果枇杷黄，平生型，籽粒节较明显。株高187厘米，有效分枝部位130厘米，一次分枝数6个，主花序长30厘米，主花序角果数138个，主花序角果密度4.60个/厘米，单株总角果数262个，角果长10.7厘米，角果宽0.5厘米，每角粒数26粒，千粒重5.24克，种皮黄色。

品质性状：MR1号种子芥酸0.00%，硫苷32.29微摩尔/克·饼，含油率50.81%，蛋白质21.78%，油酸63.92%。

2.隐性核不育恢复材料MR2号

材料来源： MR2号是贵州省油菜研究所和贵州禾睦福种子有限公司利用甘蓝型油菜YD57R、中双11选系、浙油18选系和GRB252杂交回交转育，经多年多代定向选育成密角隐性核不育恢复材料。该材料已获农业农村部植物新品种权，品种权号：CNA20201000460号。

特征特性： MR2号属甘蓝型油菜半冬性隐性核不育恢复材料，育苗移栽全生育期203天。幼茎及心叶绿色，无刺毛，基叶浅绿色，叶脉白色，叶缘锯齿状，蜡粉少，半直立生长，裂叶1～3对，主茎总叶片数48叶，最大叶长31厘米，最大叶宽14厘米。薹茎微紫色，薹茎叶狭长三角形、半抱茎着生状态。花瓣中、皱缩、侧叠着生，花黄色。匀生分枝型，株型扇形，角果枇杷黄，平生型，籽粒节较明显。株高193厘米，有效分枝部位60厘米，一次分枝数9个，主花序长80厘米，主花序角果数285个，主花序角果密度3.56个/厘米，单株总角果数791个，角果长5.99厘米，角果宽0.52厘米，每角粒数23.1粒，千粒重4.05克，种皮黄褐色。

品质性状： MR2号种子芥酸0.94%，硫苷26.75微摩尔/克·饼，含油率43.05%，蛋白质24.09%，油酸68.77%。

3. 隐性核不育恢复材料MR3号

材料来源：MR3号是贵州省油菜研究所和贵州禾睦福种子有限公司利用甘蓝型油菜材料YD57R、中双11选系、浙油18选系和GRB252经人工杂交转育多基因聚合，经多年多代定向选育成密角隐性核不育恢复材料。该材料已获农业农村部植物新品种权，品种权号：CNA20201000461号。

特征特性：MR3号属甘蓝型油菜半冬性隐性核不育恢复材料，育苗移栽全生育期229天。幼茎及心叶绿色，无刺毛，基叶油绿色，叶脉白色，叶缘波状，蜡粉少，半直立生长，裂叶3～4对，主茎总叶片数57叶，最大叶长46厘米，最大叶宽19厘米，无叶柄。薹茎绿色，薹茎叶狭长三角形、半抱茎着生状态。花瓣小、平展、侧叠着生，花黄色。上生分枝型，株型帚形，角果枇杷黄，平生型，籽粒节较明显。株高205厘米，有效分枝部位55厘米，一次分枝数11个，主花序3个，主花序平均长55厘米，主花序平均角果数94个，主花序平均角果密度1.71个/厘米，单株总角果数702个，角果长9.5厘米，角果宽0.4厘米，每角粒数19.3粒，千粒重3.25克，种皮黄色。

品质性状：MR3号种子芥酸0.29%，硫苷23.93微摩尔/克·饼，含油率45.26%，蛋白质24.89%，油酸68.58%。

4. 隐性核不育恢复材料 MR4 号

材料来源： MR4 号是贵州省油菜研究所和贵州禾睦福种子有限公司利用自育甘蓝型油菜材料显性核不育株为母本，YD1021R、显R3、GRB252为父本构建轮回群体，经多年多代定向选育成多茎、多叶、密角隐性核不育恢复材料。该材料已获农业农村部植物新品种权，品种权号：CNA20201000462号。

特征特性： MR4 号属甘蓝型油菜半冬性隐性核不育恢复材料，育苗移栽全生育期207天。幼茎及心叶绿色，无刺毛，基叶浅绿色，叶脉白色，叶缘波状，蜡粉少，匍匐生长，裂叶1~3对，主茎总叶片72叶，最大叶长30.5厘米，最大叶宽11厘米。薹茎绿色，薹茎叶狭长三角形、半抱茎着生状态。花瓣小、皱缩、侧叠着生，花黄色。匀生分枝型，株型帚形，角果枇杷黄，平生型，籽粒节较明显。株高163厘米，有效分枝部位96厘米，一次分枝数11个，主花序3个，主花序平均长47厘米，主花序平均角果数161个，主花序平均角果密度3.43个/厘米，单株总角果数675个，角果长7.15厘米，角果宽0.47厘米，每角粒数23.6粒，千粒重4.14克，种皮黄色。

品质性状： MR4 号种子芥酸0.61%，硫苷59.49微摩尔/克·饼，含油率47.38%，蛋白质25.17%，油酸64.69%。

5. 隐性核不育恢复材料MR5号

材料来源：MR5号是贵州省油菜研究所和贵州禾睦福种子有限公司利用甘蓝型油菜材料YD57R、中双11选系、浙油18选系与GRD252杂交转育，经多年多代定向选育成多茎、多叶、密角隐性核不育恢复材料。该材料已获农业农村部植物新品种权，品种权号：CNA20201000463号。

特征特性：MR5号属甘蓝型油菜半冬性隐性核不育恢复材料，育苗移栽全生育期202天。幼茎及心叶绿色，刺毛少，基叶浅绿色，叶脉白色，叶缘锯齿，蜡粉少，半直立生长，裂叶4～5对，主茎总叶片数57叶，最大叶长49厘米，最大叶宽22厘米。薹茎紫色，薹茎叶狭长三角形、半抱茎着生状态。花瓣小、皱缩、侧叠着生，花黄色，匀生分枝型，株型扇形，角果枇杷黄，平生型，籽粒节不明显。株高190厘米，有效分枝部位66厘米，一次分枝数16个，主花序2个，平均长70厘米，主花序平均角果数146个，主花序平均角果密度2.09个/厘米，单株总角果数660个，角果长5.99厘米，角果宽0.55厘米，每角粒数26.8粒，千粒重4.19克，种皮黑褐色。

品质性状：MR5号种子芥酸0.00％，硫苷37.98微摩尔/克·饼，含油率48.01％，蛋白质17.89％，油酸71.20％。

6.隐性核不育恢复材料DYR1号

材料来源：DYR1号是贵州省油菜研究所和贵州禾睦福种子有限公司利用甘蓝型油菜YD57R、2366、浙油18选系、中双11选系、YD5752R和GRB252人工杂交转育，经多年多代定向选育成多茎、多叶、密角隐性核不育恢复材料。该材料已获农业农村部植物新品种权，品种权号：CNA20201000458号。

特征特性：DYR1号属甘蓝型油菜半冬性隐性核不育恢复材料，育苗移栽全生育期208天。幼茎及心叶绿色，无刺毛，基叶浅绿色，叶脉白色，叶缘波状，蜡粉少，半直立生长，裂叶2~3对，主茎总叶片数57叶，最大叶长46厘米，最大叶宽21.5厘米。薹茎绿色，薹茎叶狭长三角形、半抱茎着生状态。花瓣中、平展、侧叠着生，花黄色。上生分枝型，株型帚形，角果枇杷黄，平生型，籽粒节较明显。株高196厘米，有效分枝部位100厘米，一次分枝数9个，植株下分主茎数2个，主花序4个，平均长61厘米，主花序平均角果数137个，主花序平均角果密度2.25个/厘米，单株总角果数707个，角果长8.01厘米，角果宽0.65厘米，每角粒数22.8粒，千粒重5.15克，种皮黄褐色。

品质性状：DYR1号种子芥酸0.77%，硫苷32.15微摩尔/克·饼，含油率44.35%，蛋白质27.13%，油酸62.81%。

材料来源：DJYR1 号是贵州省油菜研究所和贵州禾睦福种子有限公司利用自育甘蓝型油菜材料 Q208、2188、636R、中双 11 选系与 GRB252 聚合杂交转育，经多年多代定向选育成多茎、多叶、隐性核不育恢复材料。该材料已获农业农村部植物新品种权，品种权号：CNA20201000453 号。

特征特性：DJYR1 号属甘蓝型油菜半冬性隐性核不育恢复材料，育苗移栽全生育期 202 天。幼茎及心叶绿色，无刺毛，基叶浅绿色，叶脉白色，叶缘波状，蜡粉少，半直立生长，裂叶 2～4 对，主茎总叶片数 73 叶，最大叶长 34 厘米，最大叶宽 13.5 厘米。薹茎绿色，薹茎叶狭长三角形、半抱茎着生状态。花瓣小、平展、侧叠着生，花黄色。上生分枝型，株型帚形，角果枇杷黄，平生型，籽粒节明显。株高 181 厘米，有效分枝部位 85 厘米，一次分枝数 5 个，植株下分主茎数平均 3 个，主花序 7 个，平均长 33 厘米，主花序平均角果数 53 个，主花序平均角果密度 1.61 个/厘米，单株总角果数 407 个，角果长 8.7 厘米，角果宽 0.5 厘米，每角粒数 20.4 粒，千粒重 4.30 克，种皮黄色。

品质性状：DJYR1 号种子芥酸 0.00%，硫苷 46.62 微摩尔/克·饼，含油率 42.84%，蛋白质 25.09%，油酸 67.41%。

8. 隐性核不育恢复材料DJYR4号

材料来源： DJYR4号是贵州省油菜研究所和贵州禾睦福种子有限公司利用甘蓝型油菜显性核不育轮回群体聚合杂交转育，经多年多代定向选育成多茎、多叶隐性核不育恢复材料。

特征特性： DJYR4号属甘蓝型油菜半冬性隐性核不育恢复材料，育苗移栽全生育期210天。幼茎及心叶绿色，刺毛少，基叶浅绿色，叶脉白色，叶缘波状，蜡粉少，直立生长，裂叶4～5对，主茎总叶片数66叶，最大叶长50厘米，最大叶宽19厘米。薹茎微紫色，薹茎叶狭长三角形、半抱茎着生状态。花瓣中、平展、侧叠着生，花黄色。匀生分枝型，株型扇形，角果枇杷黄，斜生型，籽粒节不明显。株高249厘米，有效分枝部位116厘米，一次分枝数19个，植株主茎数3个，主花序平均长90厘米，主花序平均角果数101个，主花序平均角果密度1.12个/厘米，单株总角果数972个，角果长7.98厘米，角果宽0.45厘米，每角粒数21.6粒，千粒重4.25克，种皮黄色。

品质性状： DJYR4号种子芥酸27.39%，硫苷29.52微摩尔/克·饼，含油率49.01%，蛋白质25.18%，油酸35.78%。

材料来源：DJYMR1号是贵州省油菜研究所和贵州禾睦福种子有限公司利用自育甘蓝型油菜材料显R19与GRB252杂交转育，经多年多代定向选育成多茎、多叶、密角隐性核不育恢复材料。该材料已获农业农村部植物新品种权，品种权号：CNA20201000454号。

特征特性：DJYMR1号属甘蓝型油菜半冬性隐性核不育恢复材料，育苗移栽全生育期223天。幼茎及心叶绿色，无刺毛，基叶浅绿色，叶脉白色，叶缘锯齿状，蜡粉少，半直立生长，裂叶2～3对，主茎总叶片数63叶，最大叶长27厘米，最大叶宽12厘米。薹茎绿色，薹茎叶狭长三角形、半抱茎着生。花瓣中、平展、侧叠着生，花黄色。上生分枝型，株型筒形，角果枇杷黄、垂生型，籽粒节明显。株高179厘米，有效分枝部位130厘米，一次分枝数5个，植株主茎数4个，主花序平均长34厘米，主花序平均角果数102个，主花序平均角果密度3.00个/厘米，单株总角果数702个，角果长9.03厘米，角果宽0.5厘米，每角粒数26.1粒，千粒重3.54克，种皮黄色。

品质性状：DJYMR1号种子芥酸3.82%，硫苷35.24微摩尔/克·饼，含油率49.07%，蛋白质23.75%，油酸62.93%。

材料来源：DJYMR2号是贵州省油菜研究所和贵州禾睦福种子有限公司利用YD57R、2366、中双11选系和GRB252杂交转育，经多年多代定向选育成多茎、多叶、密角隐性核不育恢复材料。该材料已获农业农村部植物新品种权，品种权号：CNA20201000450号。

特征特性：DJYMR2号属甘蓝型油菜半冬性隐性核不育恢复系，育苗移栽全生育期208天。幼茎及心叶绿色，无刺毛，基叶浅绿色，叶脉白色，叶缘波状，蜡粉少，半直立生长，裂叶1对，主茎总叶片数74叶，最大叶长46.5厘米，最大叶宽12.5厘米。薹茎绿色，薹茎叶狭长三角形、不抱茎着生状态。花瓣中、皱缩、侧叠着生，花黄色。上生分枝型，株型筒形，角果枇杷黄，平生型，籽粒节较明显。株高154厘米，有效分枝部位99厘米，一次分枝数7个，植株主茎数9个，主花序平均长28厘米，主花序平均角果数65个，主花序平均角果密度2.32个/厘米，单株总角果数616个，角果长4.74厘米，角果宽0.5厘米，每角粒数10.6粒，千粒重3.96克，种皮黄褐色。

品质性状：DJYMR2号种子芥酸1.51%，硫苷41.60微摩尔/克·饼，含油率39.21%，蛋白质27.78%，油酸68.10%。

材料来源： DJYMR3号是贵州省油菜研究所和贵州禾睦福种子有限公司利用甘蓝型油菜显R、LB2822、2366R、D9R、显R5、浙油18选系、中双11选系和GRB252聚合杂交转育而成，经多年多代定向选育成多茎、多叶、密角隐性核不育恢复材料。该材料已获农业农村部植物新品种权，品种权号：CNA20201000456号。

特征特性： DJYMR3号属甘蓝型油菜半冬性隐性核不育恢复材料，育苗全生育期217天。幼茎及心叶绿色，无刺毛，基叶浅绿色，叶脉白色，叶缘波状，蜡粉少，半直立生长，裂叶4对，主茎总叶片数86叶，最大叶长47.5厘米，最大叶宽17厘米。薹茎绿色，薹茎叶狭长三角形、半抱茎着生状态。花瓣中、平展、侧叠着生，花黄色。上生分枝型，株型筒形，角果枇杷黄，平生型，籽粒节不明显。株高199厘米，有效分枝部位149厘米，一次分枝数6个，植株主茎数6个，主花序平均长35厘米，主花序平均角果数97个，主花序平均角果密度2.77个/厘米，单株总角果数755个，角果长8.45厘米，角果宽0.45厘米，每角粒数16.6粒，千粒重4.85克，种皮黄色。

品质性状： DJYMR3号种子芥酸0.00%，硫苷51.80微摩尔/克·饼，含油率39.92%，蛋白质27.62%，油酸62.17%。

材料来源：DJYMR4号是贵州省油菜研究所和贵州禾睦福种子有限公司利用甘蓝型油菜品种油研50选系、宁油1号选系、2366、D9R、浙油18选系经人工杂交多基因聚合转育，经多年多代定向选育成多茎、多叶、密角隐性核不育恢复材料。

特征特性：DJYMR4号属甘蓝型油菜半冬性隐性核不育恢复材料，育苗移栽全生育期218天。幼茎及心叶绿色，无刺毛，基叶浅绿色，叶脉白色，叶缘波状，蜡粉少，半直立生长，裂叶1～3对，主茎总叶片数56叶，最大叶长37厘米，最大叶宽16厘米。薹茎绿色，薹茎叶狭长三角形、不抱茎着生。花瓣中、平展、侧叠着生，花黄色。上生分枝型，株型扇形，角果枇杷黄，斜生型，籽粒节较明显。株高155厘米，有效分枝部位75厘米，一次分枝数16个，植株主茎数2个，主花序平均长42厘米，主花序平均角果数76个，主花序平均角果密度1.81个/厘米，单株总角果数551个，角果长11.1厘米，角果宽0.5厘米，每角粒数20粒，千粒重5.97克，种皮黄褐色。

品质性状：DJYMR4号种子芥酸1.26%，硫苷23.28微摩尔/克·饼，含油率43.68%，蛋白质23.40%，油酸64.29%。

材料来源：DJYMR5号是贵州省油菜研究所和贵州禾睦福种子有限公司利用甘蓝型油菜品种油研50选系、宁油1号选系、2366、D9R、浙油18选系经人工杂交多基因聚合转育，经多年多代定向选育成多茎、多叶、密角隐性核不育恢复材料。

特征特性：DJYMR5号属甘蓝型油菜半冬性隐性核不育恢复材料，育苗移栽全生育期216天。幼茎及心叶绿色，无刺毛，基叶浅绿色，叶脉白色；叶缘波状，蜡粉少，半直立生长，裂叶2～4对，主茎总叶片数63叶，最大叶长39厘米，最大叶宽16厘米。薹茎绿色，薹茎叶狭长三角形、不抱茎着生。花瓣中、平展、侧叠着生，花黄色。上生分枝型，株型扇形，角果枇杷黄，平生型，籽粒节较明显。株高195厘米，有效分枝部位129厘米，一次分枝数6个，植株主茎数2个，主花序平均长34厘米，主花序平均角果数76个，主花序平均角果密度2.24个/厘米，单株总角果数384个，角果长11.5厘米，角果宽0.58厘米，每角粒数24.5粒，千粒重6.84克，种皮黄绿色。

品质性状：DJYMR5号种子芥酸1.45%，硫苷25.48微摩尔/克·饼，含油率45.09%，蛋白质22.69%，油酸65.07%。

材料来源：DJYMR7号是贵州省油菜研究所和贵州禾睦福种子有限公司利用甘蓝型油菜品种浙油18选系和GRD1182杂交转育，经多年多代定向选育成多茎、多叶、密角隐性核不育恢复材料。

特征特性：DJYMR7号属甘蓝型油菜半冬性隐性核不育恢复材料，育苗移栽全生育期203天。幼茎及心叶绿色，刺毛少，基叶浅绿色，叶脉白色，叶缘锯齿，蜡粉少，半直立生长，裂叶3对，主茎总叶片数66叶，最大叶长40.5厘米，最大叶宽19厘米。薹茎微紫色，薹茎叶狭长三角形、半抱茎着生状态。花瓣小、皱缩、分离着生，花黄色。上生分枝型，株型帚形，角果枇杷黄，平生型，籽粒节不明显。株高172厘米，有效分枝部位80厘米，一次分枝数26个，植株主茎数3个，主花序平均长45厘米，主花序平均角果数162个，主花序平均角果密度3.60个/厘米，单株总角果数1 045个，角果长5.7厘米，角果宽0.49厘米，每角粒数24.8粒，千粒重4.05克，种皮黑褐色。

品质性状：DJYMR7号种子芥酸0.00%，硫苷30.45微摩尔/克·饼，含油率41.95%，蛋白质23.72%，油酸64.57%。

材料来源：DJYMR8号是贵州省油菜研究所和贵州禾睦福种子有限公司利用甘蓝型油菜材料显R与GRB252杂交转育，经多年多代定向选育成多茎、多叶、密角隐性核不育恢复材料。

特征特性：DJYMR8号属甘蓝型油菜半冬性隐性核不育恢复材料，育苗移栽全生育期215天。幼茎及心叶绿色，无刺毛，基叶浅绿色，叶脉白色，叶缘锯齿，蜡粉少，半直立生长，裂叶2～3对，主茎总叶片数69叶，最大叶长53.5厘米，最大叶宽19厘米。薹茎绿色，薹茎叶狭长三角形、不抱茎着生状态。花瓣中、平展、侧叠着生，花黄色。上生分枝型，株型筒形，角果枇杷黄，垂生型，籽粒节不明显。株高181厘米，有效分枝部位136厘米，一次分枝数4个，植株主茎数2个，主花序平均长24厘米，主花序平均角果数104个，主花序平均角果密度4.33个/厘米，单株总角果数344个，角果长9.28厘米，角果宽0.44厘米，每粒数17.2粒，千粒重3.34克，种皮黄色。

品质性状：DJYMR8号种子芥酸0.00%，硫苷36.89微摩尔/克·饼，含油率42.08%，蛋白质25.14%，油酸62.42%。

材料来源：DJYMR9号是贵州省油菜研究所和贵州禾睦福种子有限公司利用甘蓝型油菜显R-1461、LXBX杂交转育，经多年多代定向选育成多茎、多叶、密角隐性核不育恢复材料。

特征特性：DJYMR9号属甘蓝型油菜半冬性隐性核不育恢复材料，育苗移栽全生育期212天。幼茎及心叶绿色，无刺毛，基叶浅绿色，叶脉白色，叶全缘，蜡粉少，半直立生长，无裂叶，主茎总叶片数63叶，最大叶长42厘米，最大叶宽18厘米。薹茎绿色，薹茎叶狭长三角形、半抱茎着生状态。花瓣中、平展、侧叠着生，花黄色。匀生分枝型，株型扇形，角果枇杷黄，斜生型，籽粒节不明显。株高207厘米，有效分枝部位60厘米，一次分枝数30个，植株主茎数2个，主花序平均长44厘米，主花序平均角果数220个，主花序平均角果密度5.00个/厘米，单株总角果数1 544个，角果长6.84厘米，角果宽0.5厘米，每角粒数21.3粒，千粒重4.66克，种皮黄色。

品质性状：DJYMR9号种子芥酸0.00%，硫苷30.78微摩尔/克·饼，含油率47.01%，蛋白质22.44%，油酸71.02%。

材料来源：DJYMR10号是贵州省油菜研究所和贵州禾睦福种子有限公司利用甘蓝型油菜显性核不育轮回群体选育，经多年多代定向选育成多茎、多叶、密角隐性核不育恢复材料。

特征特性：DJYMR10号属甘蓝型油菜半冬性隐性核不育恢复材料，育苗移栽全生育期212天。幼茎及心叶绿色，无刺毛，基叶深绿色，叶脉白色，叶缘波状，蜡粉少，半直立生长，裂叶5对，主茎总叶片数56叶，最大叶长37厘米，最大叶宽11厘米。薹茎绿色，薹茎叶狭长三角形、半抱茎着生状态。花瓣中、平展、侧叠着生，花黄色。上生分枝型，株型筒形，角果枇杷黄，垂生型，籽粒节较明显。株高171厘米，有效分枝部位119厘米，一次分枝数3个，植株主茎数2个，主花序平均长39厘米，主花序平均角果数135个，主花序平均角果密度3.46个/厘米，单株总角果数326个，角果长8.69厘米，角果宽0.48厘米，每角粒数24.8粒，千粒重3.18克，种皮黄色。

品质性状：DJYMR10号种子芥酸0.55%，硫苷39.75微摩尔/克·饼，含油率42.74%，蛋白质26.48%，油酸63.13%。

18.隐性核不育恢复材料DTMR1号

材料来源：DTMR1号是贵州省油菜研究所和贵州禾睦福种子有限公司利用甘蓝型油菜品种宁油1号选系、D9R、中双11选系、GRB1182和GRB252经人工杂交转育，经多年多代定向选育成多头密隐性核不育恢复材料。该材料已获农业农村部植物新品种权，品种权号：CNA20201000457号。

特征特性：DTMR1号属甘蓝型油菜半冬性隐性核不育恢复材料，育苗移栽全生育期219天。幼茎及心叶绿色，无刺毛，基叶浅绿色，叶脉白色，叶缘锯齿状，蜡粉少，直立生长，裂叶2～4对，主茎总叶片数48叶，最大叶长33厘米，最大叶宽12厘米。薹茎绿色，薹茎叶狭长三角形、不抱茎着生状态。花瓣小、皱缩、分离着生，花黄色。上生分枝型，株型扇形，角果枇杷黄，平生型，籽粒节明显。株高199厘米，有效分枝部位102厘米，一次分枝数16个，主花序3个，主花序平均长49厘米，主花序平均角果数105个，主花序平均角果密度2.14个/厘米，单株总角果数975个，角果长6.5厘米，角果宽0.5厘米，每角粒数18.5粒，千粒重4.4克，种皮褐色。

品质性状：DTMR1号种子芥酸0.56%，硫苷36.67微摩尔/克·饼，含油率41.62%，蛋白质23.61%，油酸65.54%。

材料来源：DJTYMR1号是贵州省油菜研究所和贵州禾睦福种子有限公司利用甘蓝型油菜材料LB2822、2366、D9R、浙油18选系、YD57R、显R、中双11选系、GRB252复合杂交转育多基因聚合，经多年多代定向选育成多茎、多头、多叶、密角隐性核不育恢复材料。

特征特性：DJTYMR1号属甘蓝型油菜半冬性隐性核不育恢复材料，育苗移栽全生育期222天。幼茎及心叶绿色，无刺毛，基叶浅绿色，叶脉白色，叶缘波状，蜡粉少，半直立生长，裂叶3～5对，主茎总叶片数66叶，最大叶长25厘米，最大叶宽9厘米，无叶柄。薹茎绿色，薹茎叶狭长三角形、半抱茎着生状态。花瓣小、皱缩、分离着生，花黄色。上生分枝型，株型筒形，角果枇杷黄，平生型，籽粒节较明显。株高141厘米，有效分枝部位96厘米，一次分枝数3个，植株主茎数3个，主花序平均长25厘米，主花序平均角果数120个，主花序平均角果密度4.80个/厘米，单株总角果数387个，角果长6.6厘米，角果宽0.45厘米，每角粒数18.7粒，千粒重4.66克，种皮黄色。

品质性状：DJTYMR1号种子芥酸0.00％，硫苷41.40微摩尔/克·饼，含油率48.66％，蛋白质22.03％，油酸68.86％。

20. 隐性核不育恢复材料 DJTYMR2 号

　　材料来源：DJTYMR2号是贵州省油菜研究所和贵州禾睦福种子有限公司利用甘蓝型油菜材料 LB2822、2366、D9R、浙油18选系、YD57R、显R、中双11选系、GRB252经复合杂交转育多基因聚合，经多年多代定向选育成多茎、多头、多叶、密角隐性核不育恢复材料。

　　特征特性：DJTYMR2号属甘蓝型油菜半冬性隐性核不育恢复材料，育苗移栽全生育期211天。幼茎及心叶绿色，无刺毛，基叶浅绿色，叶脉白色，叶缘锯齿状，蜡粉少，半直立生长，裂叶2～3对，主茎总叶片数57叶，最大叶长44厘米，最大叶宽16厘米。薹茎绿色，薹茎叶狭长三角形、半抱茎着生状态。花瓣小、皱缩、分离着生，花黄色。上生分枝型，株型扇形，角果枇杷黄，斜生型，籽粒节较明显。株高178厘米，有效分枝部位103厘米，一次分枝数6个，植株主茎数2个，主花序4个，主花序平均长65厘米，主花序平均角果数136.5个，主花序平均角果密度2.10个/厘米，单株总角果数663个，角果长6.2厘米，角果宽0.55厘米，每角粒数17.4粒，千粒重3.91克，种皮黄色。

　　品质性状：DJTYMR2号种子芥酸1.00%，硫苷64.20微摩尔/克·饼，含油率38.62%，蛋白质26.18%，油酸59.26%。

材料来源： DJTYMR3号是贵州省油菜研究所和贵州禾睦福种子有限公司利用甘蓝型油菜品种青杂9号选系与显R进行人工杂交转育，经多年多代定向选育成多茎、多头、多叶、密角隐性核不育恢复材料。

特征特性： DJTYMR3号属甘蓝型油菜半冬性隐性核不育恢复材料，全生育期216天。幼茎及心叶绿色，无刺毛，基叶浅绿色，叶脉白色，叶缘波状，蜡粉少，半直立生长，裂叶1～2对，主茎总叶片数62叶，最大叶长37.5厘米，最大叶宽14.5厘米。薹茎绿色，薹茎叶狭长三角形、薹茎叶不抱茎。花瓣中、平展、侧叠着生，花黄色。上生分枝型，株型帚形，角果枇杷黄，平生型，籽粒节较明显。株高180厘米，有效分枝部位88厘米，一次分枝数6个，植株主茎数3个，主花序平均长25厘米，主花序平均角果数61个，主花序平均角果密度2.44个/厘米，单株总角果数438个，角果长9.4厘米，角果宽0.4厘米，每角粒数23.2粒，千粒重3.00克，种皮绿黄色。

品质性状： DJTYMR3号种子芥酸0.00%，硫苷40.33微摩尔/克·饼，含油率43.87%，蛋白质26.12%，油酸64.54%。

材料来源： DJTYMR4号是贵州省油菜研究所和贵州禾睦福种子有限公司利用甘蓝型油菜显性核不育轮回群体聚合杂交转育，经多年多代定向选育成多茎、多头、多叶、密角隐性核不育恢复材料。

特征特性： DJTYMR4号属甘蓝型油菜半冬性隐性核不育恢复材料，育苗移栽全生育期211天。幼茎及心叶绿色，无刺毛，基叶浅绿色，叶脉白色，叶缘波状，蜡粉少，半直立生长，裂叶1～2对，主茎总叶片数72叶，最大叶长54厘米，最大叶宽19厘米。薹茎绿色，薹茎叶狭长三角形、半抱茎着生状态。花瓣中、平展、侧叠着生，花黄色。上生分枝型，株型帚形，角果枇杷黄，平生型，籽粒节不明显。株高195厘米，有效分枝部位130厘米，一次分枝数7个，植株主茎数2个，主花序平均长50厘米，主花序平均角果数109个，主花序平均角果密度2.18个/厘米，单株总角果数595个，角果长8.4厘米，角果宽0.55厘米，每角粒数20.2粒，千粒重4.44克，种皮褐色。

品质性状： DJTYMR4号种子芥酸2.75%，硫苷34.46微摩尔/克·饼，含油率42.85%，蛋白质26.43%，油酸67.76%。

材料来源：DJTYMR6号是贵州省油菜研究所和贵州禾睦福种子有限公司利用甘蓝型油菜显性核不育轮回群体经多年轮回选择，选优势可育株经多年多代定向选育成多茎、多头、多叶、密角隐性核不育恢复材料。

特征特性：DJTYMR6号属甘蓝型油菜半冬性隐性核不育恢复材料，育苗移栽全生育期209天。幼茎及心叶绿色，刺毛少，基叶浅绿色，叶脉白色，叶缘波状，蜡粉少，半直立生长，裂叶3～4对，主茎总叶片数84叶，最大叶长43厘米，最大叶宽16.5厘米。薹茎绿色，薹茎叶狭长三角形、不抱茎着生状态。花瓣中、平展、侧叠着生，花黄色。上生分枝型，株型筒形，角果枇杷黄，斜生型，籽粒节较明显。株高180厘米，有效分枝部位137厘米，一次分枝数10个，植株主茎数5个，主花序平均长46厘米，主花序平均角果数106个，主花序平均角果密度2.30个/厘米，单株总角果数712个，角果长7.8厘米，角果宽0.55厘米，每角粒数17.5粒，千粒重5.87克，种皮杂黄色。

品质性状：DJTYMR6号种子芥酸0.00%，硫苷30.00微摩尔/克·饼，含油率44.95%，蛋白质23.55%，油酸68.94%。

材料来源：DJYMR11号是贵州省油菜研究所和贵州禾睦福种子有限公司利用甘蓝型油菜品种青杂9号选系与显R杂交转育，经多年多代定向选育成多茎、多叶、密角隐性核不育恢复材料。

特征特性：DJYMR11号属甘蓝型油菜半冬性隐性核不育恢复材料，育苗移栽全生育期216天。幼茎及心叶绿色，刺毛少，基叶浅绿色，叶脉白色，叶缘波状，蜡粉少，半直立生长，裂叶3～4对，主茎总叶片数69叶，最大叶长51.5厘米，最大叶宽20厘米。薹茎微紫色，薹茎叶狭长三角形、半抱茎着生状态。花瓣中、平展、侧叠着生，花黄色。上生分枝型，株型帚形，角果枇杷黄，平生型，籽粒节较明显。株高217厘米，有效分枝部位131厘米，一次分枝数9个，植株主茎数3个，主花序平均长40厘米，主花序平均角果数68个，主花序平均角果密度1.70个/厘米，单株总角果数383个，角果长9.44厘米，角果宽0.37厘米，每角粒数23.4粒，千粒重3.12克，种皮绿黄色。

品质性状：DJYMR11号种子芥酸0.28%，硫苷40.79微摩尔/克·饼，含油率38.46%，蛋白质29.90%，油酸61.75%。

材料来源： DJYMR12号是贵州省油菜研究所和贵州禾睦福种子有限公司利用甘蓝型油菜品种浙油18选系与自育材料GRD1182杂交转育，经多年多代定向选育成多茎、多叶、密角隐性核不育恢复材料。

特征特性： DJYMR12号属甘蓝型油菜半冬性隐性核不育恢复材料，育苗移栽全生育期202天。幼茎及心叶绿色，刺毛少，基叶浅绿色，叶脉白色，叶缘锯齿，蜡粉少，半直立生长，裂叶4对，主茎总叶片数67叶，最大叶长41厘米，最大叶宽20厘米。薹茎微紫色，薹茎叶狭长三角形、半抱茎着生状态。花瓣小、皱缩、分离着生，花黄色。上生分枝型，株型帚形，角果枇杷黄，平生型，籽粒节不明显。株高162厘米，有效分枝部位112厘米，一次分枝数8个，植株主茎数4个，主花序9个，主花序平均长32厘米，主花序平均角果数44个，主花序平均角果密度1.38个/厘米，单株总角果数573个，角果长5.25厘米，角果宽0.55厘米，每角粒数25.8粒，千粒重3.90克，种皮黑褐色。

品质性状： DJYMR12号种子芥酸0.38%，硫苷37.23微摩尔/克·饼，含油率47.29%，蛋白质18.05%，油酸69.23%。

26. 隐性核不育恢复材料 DJYMR13号

材料来源： DJYMR13号是贵州省油菜研究所和贵州禾睦福种子有限公司利用甘蓝型油菜品种浙油18选系与自育材料GRD1182杂交转育，经多年多代定向选育成多茎、多叶、密角隐性核不育恢复材料。

特征特性： DJYMR13号属甘蓝型油菜半冬性隐性核不育恢复材料，全生育期205天。幼茎及心叶绿色，无刺毛，基叶浅绿色，叶脉绿色，叶全缘，蜡粉少，半直立生长，裂叶5对，主茎总叶片数85叶，最大叶长43.5厘米，最大叶宽18.5厘米。薹茎绿色，薹茎叶狭长三角形、不抱茎着生状态。花瓣中、皱缩、侧叠着生，花黄色。上生分枝型，株型扇形，角果枇杷黄，平生型，籽粒节不明显。株高160厘米，有效分枝部位125厘米，一次分枝数5个，植株主茎数7个，主花序平均长31厘米，主花序平均角果数94个，主花序平均角果密度3.03个/厘米，单株总角果数757个，角果长9.75厘米，角果宽0.53厘米，每角粒数27.4粒，千粒重4.19克，种皮褐色。

品质性状： DJYMR13号种子芥酸0.00%，硫苷39.41微摩尔/克·饼，含油率43.75%，蛋白质20.80%，油酸67.01%。

材料来源： DJYMR14号是贵州省油菜研究所和贵州禾睦福种子有限公司利用甘蓝型油菜品种浙油18选系与自育材料GRD1182杂交转育，经多年多代定向选育成多茎、多叶、密角隐性核不育恢复材料。

特征特性： DJYMR14号属甘蓝型油菜半冬性隐性核不育恢复材料，育苗移栽全生育期201天。幼茎及心叶绿色，无刺毛，基叶浅绿色，叶脉绿色，叶缘锯齿，蜡粉少，半直立生长，裂叶3～4对，主茎总叶片数81叶，最大叶长50.5厘米，最大叶宽17.5厘米。薹茎绿色，薹茎叶狭长三角形、半抱茎着生状态。花瓣中、平展、侧叠着生，花黄色。上生分枝型，株型筒形，角果枇杷黄，平生型，籽粒节不明显。株高175厘米，有效分枝部位83厘米，一次分枝数6个，植株主茎数12个，主花序平均长35厘米，主花序平均角果数55个，主花序平均角果密度1.57个/厘米，单株总角果数683个，角果长9.83厘米，角果宽0.45厘米，每角粒数21粒，千粒重3.92克，种皮黑褐色。

品质性状： DJYMR14号种子芥酸2.06%，硫苷29.36微摩尔/克·饼，含油率45.40%，蛋白质24.58%，油酸63.99%。

材料来源： DJYMR15号是贵州省油菜研究所和贵州禾睦福种子有限公司利用甘蓝型油菜材料5752R、中双11选系、宁油1号选系、2366R、D9R、显R、GRB252聚合杂交转育，经多年多代定向选育成多茎、多叶、密角隐性核不育恢复材料。

特征特性： DJYMR15号属甘蓝型油菜半冬性隐性核不育恢复材料，育苗移栽全生育期213天。幼茎及心叶绿色，无刺毛，基叶浅绿色，叶脉白色，叶缘锯齿，蜡粉少，半直立生长，裂叶3～6对，主茎总叶片数67叶，最大叶长43厘米，最大叶宽15厘米。薹茎绿色，薹茎叶狭长三角形、半抱茎着生状态。花瓣小、皱缩、侧叠着生，花黄色。上生分枝型，株型帚形，角果枇杷黄，平生型，籽粒节不明显。株高188厘米，有效分枝部位115厘米，一次分枝数9个，植株主茎数2个，主花序平均长40厘米，主花序平均角果数90个，主花序平均角果密度2.25个/厘米，单株总角果数903个，角果长9.65厘米，角果宽0.5厘米，每角粒数25.6粒，千粒重3.90克，种皮黄色。

品质性状： DJYMR15号种子芥酸0.38%，硫苷29.95微摩尔/克·饼，含油率41.90%，蛋白质27.06%，油酸61.24%。

材料来源： DJYMR16号是贵州省油菜研究所和贵州禾睦福种子有限公司利用甘蓝型油菜品种浙油18选系与GRD460经人工杂交转育，经多年多代定向选育成多茎、多叶、密角隐性核不育恢复材料。

特征特性： DJYMR16号属甘蓝型油菜半冬性隐性核不育恢复材料，育苗移栽全生育期219天。幼茎及心叶绿色，无刺毛，基叶浅绿色，叶脉白色，叶缘锯齿，蜡粉少，直立生长，裂叶2～3对，主茎总叶片数78叶，最大叶长31厘米，最大叶宽12厘米。薹茎绿色，薹茎叶狭长三角形、半抱茎着生状态。花瓣中、平展、侧叠皱缩，花黄色。上生分枝型，株型筒形，角果枇杷黄，平生型，籽粒节较明显。株高190厘米，有效分枝部位108厘米，一次分枝数5个，植株主茎数3个，主花序平均长45厘米，主花序平均角果数118个，主花序平均角果密度2.62个/厘米，单株总角果数547个，角果长7厘米，角果宽0.5厘米，每角粒数23.9粒，千粒重4.32克，种皮黄色。

品质性状： DJYMR16号种子芥酸0.00%，硫苷43.12微摩尔/克·饼，含油率40.00%，蛋白质25.92%，油酸61.04%。

材料来源： DJYMR17号是贵州省油菜研究所和贵州禾睦福种子有限公司利用甘蓝型油菜显性核不育株为母本，YD1021R、显R3和GRB252为父本构建显性核不育轮回群体，经多年多代定向选育成多茎、多叶、密角隐性核不育恢复材料。该材料已获农业农村部植物新品种权，品种权号：CNA20201000451号。

特征特性： DJYMR17号属甘蓝型油菜半冬性隐性核不育恢复材料，育苗全生育期211天。幼茎及心叶绿色，无刺毛，基叶浅绿色，叶脉绿色，叶缘锯齿，蜡粉少，半直立生长，裂叶3～4对，主茎总叶片数79叶，最大叶长53.5厘米，最大叶宽18.5厘米。薹茎绿色，薹茎叶狭长三角形、不抱茎着生状态。花冠中，花黄色，花瓣平展，花瓣侧叠着生。上生分枝型，株型筒形，角果枇杷黄，平生型，籽粒节不明显。株高130厘米，有效分枝部位64厘米，一次分枝数5个，植株主茎数4个，主花序平均长25厘米，主花序平均角果数93个，主花序平均角果密度3.72个/厘米，单株总角果数469个，角果长6.44厘米，角果宽0.45厘米，每角粒数21.9粒，千粒重3.48克，种皮绿褐色。

品质性状： DJYMR17号种子芥酸1.42%，硫苷40.82微摩尔/克·饼，含油率34.85%，蛋白质29.53%，油酸64.53%。

材料来源： DJYMR18号是贵州省油菜研究所和贵州禾睦福种子有限公司利用甘蓝型油菜品种2366、D9R、显R5、浙油18选系、油研50选系聚合杂交转育，经多年多代定向选育成多茎、多叶、密角隐性核不育恢复材料。该材料已获农业农村部植物新品种权，品种权号：CNA20201000452号。

特征特性： DJYMR18号属甘蓝型油菜半冬性隐性核不育恢复材料，育苗移栽全生育期204天。幼茎及心叶绿色，无刺毛，基叶浅绿色，叶脉绿色，叶全缘，蜡粉少，直立生长，裂叶3～4对，主茎总叶片数74叶，最大叶长56厘米，最大叶宽20厘米。薹茎绿色，薹茎叶狭长三角形、不抱茎着生状态。花瓣小、平展、侧叠着生，花黄色。上生分枝型，株型帚形，角果枇杷黄，平生型，籽粒节不明显。株高195厘米，有效分枝部位125厘米，一次分枝数3个，植株主茎数5个，主花序平均长39厘米，主花序平均角果数72个，主花序平均角果密度1.85个/厘米，单株总角果数908个，角果长7.92厘米，角果宽0.4厘米，每角粒数18.1粒，千粒重4.22克，种皮黄褐色。

品质性状： DJYMR18号种子芥酸0.00%，硫苷37.21微摩尔/克·饼，含油率48.80%，蛋白质21.57%，油酸63.65%。

材料来源: DJTMR1号是贵州省油菜研究所和贵州禾睦福种子有限公司利用甘蓝型油菜材料LB2822、2263R、D9R、浙油18选系、YD57R、显R5、中双11选系、GRB252聚合杂交转育而成,经8年9代定向选育成多茎、多头、密角隐性核不育恢复材料。该材料已获农业农村部植物新品种权,品种权号:CNA20201000450号。

特征特性: DJTMR1号属甘蓝型油菜半冬性隐性核不育恢复材料,育苗移栽全生育期208天。幼茎及心叶绿色,无刺毛,基叶浅绿色,叶脉白色,叶缘波状,蜡粉少,半直立生长,无裂叶,主茎总叶片数48叶,最大叶长38.5厘米,最大叶宽14.5厘米。薹茎绿色,薹茎叶狭长三角形、抱茎着生状态。花瓣小、皱缩、侧叠着生,花黄色。上生分枝型,株型帚形,角果枇杷黄,平生型,籽粒节不明显。株高177厘米,有效分枝部位120厘米,一次分枝数10个,植株主茎数4个,主花序平均长51厘米,主花序平均角果数116个,主花序平均角果密度2.27个/厘米,单株总角果数677个,角果长5.67厘米,角果宽0.45厘米,每角粒数14.2粒,千粒重3.29克,种皮黄褐色。

品质性状: DJTMR1号种子芥酸0.00%,硫苷45.21微摩尔/克·饼,含油率43.90%,蛋白质24.31%,油酸64.16%。

33.萝卜胞质不育恢复系DYJLR3号

材料来源： DYJLR3号是贵州省油菜研究所和贵州禾睦福种子有限公司利用红花萝卜与甘蓝型油菜材料2263R杂交融合选育的萝卜胞质恢复系，再与XB、LXBX杂交转育，经多年多代定向选育成多茎、多叶萝卜胞质不育恢复系。

特征特性： DYJLR3号属甘蓝型油菜半冬性萝卜胞质不育恢复，育苗移栽全生育期206天。幼茎及心叶绿色，无刺毛，基叶浅绿色，叶脉白色，叶缘波状，蜡粉少，半直立生长，裂叶2对，主茎总叶片数65叶，最大叶长52.5厘米，最大叶宽18.5厘米。薹茎绿色，薹茎叶狭长三角形、不抱茎着生状态。花瓣大、平展、侧叠着生冠，花黄色。上生分枝型，株型帚形，角果枇杷黄，平生型，籽粒节较明显。株高198厘米，有效分枝部位105厘米，一次分枝数15个，植株主茎数3个，主花序平均长65厘米，主花序平均角果数117个，主花序平均角果密度1.80个/厘米，单株总角果数749个，角果长6.22厘米，角果宽0.5厘米，每角粒数21.3粒，千粒重3.55克，种皮黑褐色。

品质性状： DYJLR3号种子芥酸0.81%，硫苷28.84微摩尔/克·饼，含油率40.64%，蛋白质26.07%，油酸60.46%。

34.萝卜胞质不育恢复系DJYMLR6号

材料来源： DJYMLR6号是贵州省油菜研究所和贵州禾睦福种子有限公司利用红花萝卜与甘蓝型油菜材料2263杂交融合选育的萝卜胞质恢复系再与XB杂交转育，经多年多代定向选育成多茎、多叶萝卜胞质不育恢复系。

特征特性： DJYMLR6号属甘蓝型油菜半冬性萝卜胞质不育恢复系，育苗移栽全生育期203天。幼茎及心叶绿色，无刺毛，基叶浅绿色，叶脉白色，叶缘锯齿，蜡粉少，半直立生长，裂叶2对，主茎总叶片数75叶，最大叶长42.5厘米，最大叶宽17.5厘米。薹茎绿色，薹茎叶狭长三角形、不抱茎着生状态。花瓣中、皱缩、侧叠着生，花黄色。上生分枝型，株型帚形，角果枇杷黄，平生型，籽粒节不明显。株高154厘米，有效分枝部位78厘米，一次分枝数10个，植株主茎数6个，主花序平均长42厘米，主花序平均角果数65个，主花序平均角果密度1.55个/厘米，单株总角果数556个，角果长5.64厘米，角果宽0.56厘米，每角粒数18.9粒，千粒重4.50克，种皮褐色。

品质性状： DJYMLR6号种子芥酸0.00%，硫苷36.93微摩尔/克·饼，含油率34.64%，蛋白质26.68%，油酸67.44%。

材料来源： DJYMLR10号是贵州省油菜研究所和贵州禾睦福种子有限公司利用红花萝卜与甘蓝型油菜材料2263杂交融合选育的萝卜胞质恢复系，再与MXB、甘芥后代杂交转育，经多年多代定向选育成多茎、多叶、密角萝卜胞质不育恢复系。

特征特性： DJYMLR10号属甘蓝型半冬性萝卜胞质不育恢复系，育苗移栽全生育期203天。幼茎及心叶绿色，刺毛少，基叶浅绿色，叶脉白色，叶缘波状，蜡粉少，半直立生长，裂叶4～5对，主茎总叶片数68叶，最大叶长43.5厘米，最大叶宽13.5厘米。薹茎微紫色，薹茎叶狭长三角形、半抱茎着生。花瓣中、平展、侧叠着生，花黄色。上生分枝型，株型扇形，角果枇杷黄，平生型，籽粒节较明显。株高189厘米，有效分枝部位94厘米，一次分枝数11个，植株主茎数2个，主花序平均长40厘米，主花序平均角果数86，主花序平均角果密度2.15个/厘米，单株总角果数396个，角果长8.31厘米，角果宽0.55厘米，每角粒数20.1粒，千粒重5.82克，种皮黄色。

品质性状： DJYMLR10号种子芥酸0.00%，硫苷36.66微摩尔/克·饼，含油率45.87%，蛋白质22.87%，油酸67.68%。

材料来源： DJTYMLR5 号是贵州省油菜研究所和贵州禾睦福种子有限公司利用红花萝卜与甘蓝型油菜材料 2263R 杂交融合选育的萝卜胞质恢复系再与 XB、LXBX 杂交转育，经多年多代定向选育成多茎、多头、多叶、密角萝卜胞质不育恢复系。

特征特性： DJTYMLR5 号属甘蓝型油菜半冬性萝卜胞质不育恢复系，育苗移栽全生育期 205 天。幼茎及心叶绿色，无刺毛，基叶浅绿色，叶脉白色，叶缘波状，蜡粉少，半直立生长，裂叶 2 对，主茎总叶片数 73 叶，最大叶长 55 厘米，最大叶宽 18 厘米。薹茎绿色，薹茎叶狭长三角形、不抱茎着生状态。花瓣中、皱缩、侧叠着生，花黄色。上生分枝型，株型扇形，角果枇杷黄，平生型，籽粒节较明显。株高 170 厘米，有效分枝部位 78 厘米，一次分枝数 5 个，植株主茎数 6 个，主花序平均长 45 厘米，主花序平均角果数 102 个，主花序平均角果密度 2.27 个 / 厘米，单株总角果数 658 个，角果长 7.57 厘米，角果宽 0.66 厘米，每角粒数 22.3 粒，千粒重 4.33 克，种皮黄褐色。

品质性状： DJTYMLR5 号种子芥酸 0.00%，硫苷 32.86 微摩尔 / 克·饼，含油率 37.41%，蛋白质 25.25%，油酸 66.99%。

CHAPTRT 2

第二章

甘蓝型油菜两型系及保持系

　　本章编入51个具有特异性状的甘蓝型油菜隐性核不育两型系、萝卜胞质保持系。每亩种植4 500株左右时，其性状表现：主茎叶片数44 ～ 101叶，其中部分材料具有特殊大叶形状，最大叶长64.5厘米，最大叶宽23.5厘米，株高94 ～ 220厘米，主花序长20 ～ 77厘米，有效分枝部位高0.5 ～ 127厘米，一次有效分枝数9 ～ 80个，单株总角果数516 ～ 3 396个，主茎数1 ～ 7个，主花序角果数52 ～ 337个，主花序角果密度1.30 ～ 7.49个/厘米，角果长度3.07 ～ 6.04厘米，角果宽度0.30 ～ 0.80厘米，每角粒数9.00 ～ 19.80粒，千粒重2.01 ～ 4.45克；近红外仪品质分析：芥酸0.00% ～ 18.76%，硫苷18.28 ～ 35.72微摩尔/克·饼，含油量35.32% ～ 49.97%，蛋白质18.94% ～ 29.25%，油酸43.94% ～ 70.82%。作为油菜两型系和萝卜胞质保持系新种质资源创新，这些材料将在油菜创新育种中具有重大的利用价值。

37. 隐性核不育两型系 ADJYMB1 号

材料来源： ADJYMB1号是贵州省油菜研究所和贵州禾睦福种子有限公司利用甘蓝型油菜自育隐性核不育材料302AB天然突变株，经多年多代选育而成半矮秆、多茎、多叶、密角隐性核不育两型系。

特征特性： ADJYMB1号属甘蓝型油菜半冬性隐性核不育两型系。育苗移栽全生育期221天。子叶绿色，幼茎及心叶绿色，刺毛少，基叶黄绿色，叶脉白色，叶缘波状，蜡粉少，半直立生长，裂叶3片，主茎总叶片数52叶，最大叶长27.8厘米，最大叶宽12.6厘米。薹茎绿色，薹茎叶狭长三角形、半抱茎着生。花瓣中、平展、侧叠着生，花黄色。上生分枝型，株型桶形。角果黄绿色，斜生型，籽粒节明显。株高163厘米，有效分枝部位高78厘米，一次有效分枝数13个，植株主茎数4个，主花序平均长40厘米，主花序平均角果数137个，主花序平均角果密度3.43个/厘米，单株总角果数989个，角果长度4.49厘米，角果宽度0.36厘米，每角粒数17.50粒，千粒重2.38克，种皮黄褐色。

品质性状： ADJYMB1号种子芥酸0.00%，硫苷28.10微摩尔/克·饼，含油率40.91%，蛋白质28.13%，油酸63.18%。

材料来源： ADJYMB2号是贵州省油菜研究所和贵州禾睦福种子有限公司利用甘蓝型油菜自育隐性核不育材料D6B-3M，经多年连续多代选育而成的半矮秆、多茎、多叶、密角隐性核不育两型系。

特征特性： ADJYMB2号属甘蓝型油菜半冬性隐性核不育两型系。育苗移栽全生育期218天。子叶绿色，幼茎及心叶绿色，刺毛少，基叶黄绿色，叶脉白色，叶缘波状，蜡粉少，半直立生长，裂叶6片，主茎总叶片数81叶，最大叶长34.0厘米，最大叶宽13.7厘米。薹茎绿色，薹茎叶剑形、半抱茎着生。花瓣中、平展、侧叠着生，花黄色。上生分枝型，株型桶形。角果黄绿色，平生型，籽粒节明显。株高135厘米，有效分枝部位高0.5厘米，一次有效分枝数25个，植株主茎数6个，主花序平均长25厘米，主花序平均角果数127个，主花序平均角果密度5.08个/厘米，单株总角果数1 288个，角果长度3.73厘米，角果宽度0.44厘米，每角粒数14.50粒，千粒重4.23克，种皮黄褐色。

品质性状： ADJYMB2号种子芥酸0.35%，硫苷35.72微摩尔/克·饼，含油率43.64%，蛋白质25.65%，油酸62.15%。

材料来源： ADJYMB3号是贵州省油菜研究所和贵州禾睦福种子有限公司利用甘蓝型油菜自育隐性核不育材料302A-12M，经多年连续多代选育而成的半矮秆、多茎、密角隐性核不育两型系。

特征特性： ADJYMB3号属甘蓝型油菜半冬性隐性核不育两型系。育苗移栽全生育期211天。子叶绿色，幼茎绿色，心叶绿色，刺毛少，基叶黄绿色，叶脉白色，叶缘波状，蜡粉少，半直立生长，裂叶7片，主茎总叶片数46叶，最大叶长26.9厘米，最大叶宽9.8厘米。薹茎绿色，薹茎叶狭长三角形、半抱茎着生。花瓣中、平展、侧叠着生，花黄色。匀生分枝型，株型帚形。角果黄绿色，平生型，籽粒节明显。株高143厘米，有效分枝部位高50厘米，一次有效分枝数18个，植株主茎数2个，主花序平均长40厘米，主花序平均角果数121个，主花序平均角果密度3.02个/厘米，单株总角果数1 121个，角果长度4.18厘米，角果宽度0.34厘米，每角粒数17.50粒，千粒重2.57克，种皮黄褐色。

品质性状： ADJYMB3号种子芥酸0.00%，硫苷26.32微摩尔/克·饼，含油率39.86%，蛋白质28.55%，油酸62.56%。

材料来源： ADJYMB4号是贵州省油菜研究所和贵州禾睦福种子有限公司利用甘蓝型油菜自育隐性核不育材料302A-9群体改良，经多年多代定向选育成半矮秆、多茎、多叶、密角隐性核不育两型系。

特征特性： ADJYMB4号属甘蓝型油菜半冬性隐性核不育两型系。育苗移栽全生育期210天。子叶绿色，幼茎及心叶绿色，刺毛少，基叶黄绿色，叶脉白色，叶缘波状，蜡粉少，半直立生长，裂叶9片，主茎总叶片数62叶，最大叶长36.1厘米，最大叶宽15.3厘米。薹茎绿色，薹茎叶剑形、半抱茎着生。花瓣中、平展、侧叠着生，花黄色。上生分枝型，株型扇形。角果黄绿色，平生型，籽粒节明显。株高159厘米，有效分枝部位高20厘米，一次有效分枝数41个，植株主茎数3个，主花序平均长48厘米，主花序平均角果数117个，主花序平均角果密度2.44个/厘米，单株总角果数1 776个，角果长度4.17厘米，角果宽度0.40厘米，每角粒数16.70粒，千粒重3.13克，种皮黄褐色。

品质性状： ADJYMB4号种子芥酸0.00%，硫苷28.01微摩尔/克·饼，含油率39.06%，蛋白质27.98%，油酸61.78%。

材料来源： ADJYMB5号是贵州省油菜研究所和贵州禾睦福种子有限公司利用甘蓝型油菜自育隐性核不育材料302-10，经多年多代自交定向选育成半矮秆、多茎、多叶、密角隐性核不育两型系。

特征特性： ADJYMB5号属甘蓝型油菜半冬性隐性核不育两型系。育苗移栽全生育期211天。子叶绿色，幼茎及心叶绿色，刺毛少，基叶黄绿色，叶脉白色，叶缘形状，波状，蜡粉少，半直立生长，裂叶6片，主茎总叶片数68叶，最大叶长31厘米，最大叶宽16厘米。薹茎绿色，薹茎叶狭长三角形、半抱茎着生。花瓣中、平展、侧叠着生，花黄色。上生分枝型，株型帚形。角果黄绿色，斜生型，籽粒节明显。株高142厘米，有效分枝部位高37厘米，一次有效分枝数33个，植株主茎数7个，主花序平均长60厘米，主花序平均角果数155个，主花序平均角果密度3.42个/厘米，单株总角果数1 474个，角果长度3.18厘米，角果宽度0.35厘米，每角粒数10.80粒，千粒重2.80克，种皮黄褐色。

品质性状： ADJYMB5号种子芥酸0.00%，硫苷24.59微摩尔/克·饼，含油率41.40%，蛋白质27.45%，油酸66.88%。

材料来源： ADJYMB6号是贵州省油菜研究所和贵州禾睦福种子有限公司利用甘蓝型油菜自育隐性核不育材料302-M天然突变株，经多年多代定向选育成半矮秆、多茎、多叶、密角隐性核不育两型系。

特征特性： ADJYMB6号属甘蓝型油菜半冬性隐性核不育两型系。育苗移栽全生育期211天。子叶绿色，幼茎及心叶绿色，刺毛少，基叶黄绿色，叶脉白色，叶缘波状，蜡粉少，半直立生长，裂叶3片，主茎总叶片数56叶，最大叶长34.0厘米，最大叶宽14.6厘米。薹茎绿色，薹茎叶狭长三角形、半抱茎着生。花瓣中、平展、侧叠着生，花黄色。上生分枝型，株型扇形。角果黄绿色，斜生型，籽粒节明显。株高145厘米，有效分枝部位高35厘米，一次有效分枝数15个，植株主茎数2个，主花序平均长36厘米，主花序平均角果数127个，主花序平均角果密度3.53个/厘米，单株总角果数870个，角果长度3.71厘米，角果宽度0.37厘米，每角粒数14.40粒，千粒重2.93克，种皮黄黑褐色。

品质性状： ADJYMB6号种子芥酸0.00%，硫苷31.94微摩尔/克·饼，含油率42.73%，蛋白质23.33%，油酸60.04%。

材料来源： ADJYMB7号是贵州省油菜研究所和贵州禾睦福种子有限公司利用甘蓝型油菜自育隐性核不育材料303-6M用系谱法经多年多代定向选育成半矮秆、多茎、多叶、密角隐性核不育两型系。

特征特性： ADJYMB7号属甘蓝型油菜半冬性隐性核不育两型系。育苗移栽全生育期210天。子叶绿色，幼茎及心叶绿色，刺毛少，基叶黄绿色，叶脉白色，叶缘波状，蜡粉少，半直立生长，裂叶5片，主茎总叶片数49叶，最大叶长37.5厘米，最大叶宽14.4厘米。薹茎绿色，薹茎叶剑形、半抱茎着生。花瓣中、平展、侧叠着生，花黄色。上生分枝型，株型扇形。角果黄绿色，斜生型，籽粒节明显。株高162厘米，有效分枝部位高23厘米，一次有效分枝数29个，植株主茎数3个，主花序平均长46厘米，主花序平均角果数215个，主花序平均角果密度4.67个/厘米，单株总角果数1 112个，角果长度3.87厘米，角果宽度0.40厘米，每角粒数9.00粒，千粒重3.09克，种皮黄褐色。

品质性状： ADJYMB7号种子芥酸0.00%，硫苷30.04微摩尔/克·饼，含油率45.79%，蛋白质23.76%，油酸60.55%。

44. 隐性核不育两型系DJYMB8号

材料来源： DJYMB8号是贵州省油菜研究所和贵州禾睦福种子有限公司利用自育甘蓝型油菜隐性核不育材料307B-17通过小孢子培养，经多年多代选育而成的多茎、多叶、密角隐性核不育两型系。

特征特性： DJYMB8号属甘蓝型油菜半冬性隐性核不育两型系。育苗移栽全生育期220天。子叶绿色，幼茎及心叶绿色，刺毛少，基叶黄绿色，叶脉白色，叶缘波状，蜡粉少，半直立生长，裂叶6片，主茎总叶片数68叶，最大叶长38厘米，最大叶宽13厘米。薹茎绿色，薹茎叶狭长三角形、半抱茎着生。花瓣中、平展、侧叠着生，花黄色。上生分枝型，株型扇形。角果黄绿色，斜生型。株高200厘米，有效分枝部位高73厘米，一次有效分枝数38个，植株主茎数2个，主花序平均长63厘米，主花序平均角果数215个，主花序平均角果密度3.41个/厘米，单株总角果数2 057个，角果长度4.62厘米，角果宽度0.40厘米，每角粒数18.40粒，千粒重3.30克，种皮黄褐色。

品质性状： DJYMB8号种子芥酸0.70%，硫苷21.80微摩尔/克·饼，含油率42.24%，蛋白质28.91%，油酸61.84%。

材料来源： DJYMB9号是贵州省油菜研究所和贵州禾睦福种子有限公司利用甘蓝型油菜隐性核不育材料3081AB，经多年多代选育而成多茎、多叶、密角隐性核不育两型系。

特征特性： DJYMB9号属甘蓝型油菜半冬性隐性核不育两型系，育苗移栽全生育期220天。子叶绿色，幼茎及心叶绿色，刺毛少，基叶黄绿色，叶脉白色，叶缘波状，蜡粉少，半直立生长，裂叶9片，主茎总叶片数82叶，最大叶长64.5厘米，最大叶宽21.2厘米。薹茎绿色，薹茎叶狭长三角形、半抱茎着生。花瓣中、平展、侧叠着生，花黄色。上生分枝型，株型扇形。角果黄绿色，斜生型，籽粒节明显。株高203厘米，有效分枝部位高75厘米，一次有效分枝数39个，植株主茎数5个，主花序平均长63厘米，主花序平均角果数244个，主花序平均角果密度3.87个/厘米，单株总角果数2 544个，角果长度4.45厘米，角果宽度0.47厘米，每角粒数18.30粒，千粒重3.02克，种皮黄褐色。

品质性状： DJYMB9号种子芥酸0.00%，硫苷29.61微摩尔/克·饼，含油率40.39%，蛋白质27.86%，油酸62.48%。

46.隐性核不育两型系DJYMB10号

材料来源： DJYMB10号是贵州省油菜研究所和贵州禾睦福种子有限公司利用甘蓝型油菜隐性核不育材料302A-3N株系，经多年多代选育而成多茎、多叶、密角隐性核不育两型系。

特征特性： DJYMB10号属甘蓝型油菜半冬性隐性核不育两型系，育苗移栽全生育期220天。子叶绿色，幼茎绿色及心叶绿色，刺毛少，基叶黄绿色，叶脉白色，叶缘波状，蜡粉少，半直立生长，裂叶6片，主茎总叶片数78叶，最大叶长32.5厘米，最大叶宽14.6厘米。薹茎绿色，薹茎叶狭长三角形、半抱茎着生。花瓣中、平展、侧叠着生，花黄色。上生分枝型，株型扇形。角果黄绿色，斜生型，籽粒节明显。株高200厘米，有效分枝部位高79厘米，一次有效分枝数26个，植株主茎数3个，主花序平均长69厘米，主花序平均角果数260个，主花序平均角果密度3.77个/厘米，单株总角果数1 477个，角果长度4.52厘米，角果宽度0.45厘米，每角粒数18.40粒，千粒重3.40克，种皮黄褐色。

品质性状： DJYMB10号种子芥酸0.04%，硫苷20.32微摩尔/克·饼，含油率44.66%，蛋白质25.54%，油酸65.28%。

材料来源： DJYMB11号是贵州省油菜研究所和贵州禾睦福种子有限公司利用黄籽双低不育材料1927A和与黄籽双低高油分的常规材料237杂交转育而成的黄籽双低隐性核不育两型系D6AB，经多年多代选育而成多茎、多叶、密角隐性核不育两型系。

特征特性： DJYMB11号属甘蓝型油菜半冬性隐性核不育两型系。育苗移栽全生育期222天。子叶绿色，幼茎及心叶绿色，刺毛少，基叶黄绿色，叶脉白色，叶缘波状，蜡粉少，半直立生长，裂叶9片，主茎总叶片数63叶，最大叶长37.0厘米，最大叶宽15.7厘米。薹茎绿色，薹茎叶狭长三角形、半抱茎着生。花瓣中、平展、侧叠着生，花黄色。上生分枝型，株型扇形。角果黄绿色，斜生型，籽粒节明显。株高213厘米，有效分枝部位高111厘米，一次有效分枝数43个，植株主茎数4个，主花序平均长66厘米，主花序平均角果数225个，主花序平均角果密度3.41个/厘米，单株总果数2 100个，角果长度4.75厘米，角果宽度0.80厘米，每角粒数18.50粒，千粒重2.01克，种皮黄褐色。

品质性状： DJYMB11号种子芥酸0.00%，硫苷34.67微摩尔/克·饼，含油率35.32%，蛋白质29.25%，油酸57.41%。

48.隐性核不育两型系DJYMB12号

材料来源： DJYMB12号是贵州省油菜研究所和贵州禾睦福种子有限公司利用甘蓝型油菜自育隐性核不育材料D6AB化学诱变，经多年多代选育而成多茎、多叶、密角隐性核不育两型系。

特征特性： DJYMB12号属甘蓝型油菜半冬性隐性核不育两型系。育苗移栽全生育期221天。子叶绿色，幼茎及心叶绿色，刺毛少，基叶黄绿色，叶脉白色，叶缘波状，蜡粉少，直立生长，裂叶5片，主茎总叶片数91叶，最大叶长46.5厘米，最大叶宽20.2厘米。薹茎绿色，薹茎叶狭长三角形、半抱茎着生。花瓣中、平展、侧叠着生，花黄色。上生分枝型，株型扇形。角果黄绿色，斜生型，籽粒节明显。株高200厘米，有效分枝部位高102厘米，一次有效分枝数28个，植株主茎数6个，主花序平均长55厘米，主花序平均角果数214个，主花序平均角果密度3.89个/厘米，单株总角果数1 988个，角果长度4.14厘米，角果宽度0.37厘米，每角粒数15.30粒，千粒重2.74克，种皮黄褐色。

品质性状： DJYMB12号种子芥酸0.10%，硫苷28.14微摩尔/克·饼，含油率42.71%，蛋白质26.55%，油酸64.68%。

材料来源： DJYMB13号是贵州省油菜研究所和贵州禾睦福有限公司利用甘蓝型油菜自育隐性核不育材料303AB-5M单株，经多年多代系谱选育而成隐性核不育两型系。

特征特性： DJYMB13号属甘蓝型油菜半冬性隐性核不育两型系。育苗移栽全生育期220天。子叶绿色，幼茎及心叶绿色，刺毛少，基叶黄绿色，叶脉白色，叶缘波状，蜡粉少，半直立生长，裂叶5片，主茎总叶片数86叶，最大叶长46.6厘米，最大叶宽16.2厘米。薹茎绿色，薹茎叶狭长三角形、半抱茎着生。花瓣中、平展、侧叠着生，花黄色。上生分枝型，株型扇形。角果黄绿色，平生型，籽粒节明显。株高220厘米，有效分枝部位高100厘米，一次有效分枝数62个，植株主茎数4个，主花序平均长65厘米，主花序平均角果数170个，主花序平均角果密度2.62个/厘米，单株总角果数2 660个，角果长度5.1厘米，角果宽度0.45厘米。每角粒数19.00粒，千粒重3.80克，种皮黑褐色。

品质性状： DJYMB13号种子芥酸0.00%，硫苷29.00微摩尔/克·饼，含油率45.37%，蛋白质24.41%，油酸64.09%。

材料来源： DJYMB14号是贵州省油菜研究所和贵州禾睦福种子有限公司利用甘蓝型油菜自育隐性核不育材料9902AB，连续多代选育而成多茎、多叶、密角隐性核不育两型系。

特征特性： DJYMB14号属甘蓝型油菜半冬性隐性核不育两型系。育苗移栽全生育期220天。子叶绿色，幼茎及心叶绿色，刺毛少，基叶黄绿色，叶脉白色，叶缘波状，蜡粉少，半直立生长，裂叶7片，主茎总叶片数80叶，最大叶长35.0厘米，最大叶宽14.0厘米。薹茎绿色，薹茎叶狭长三角形、半抱茎着生。花瓣中、平展、侧叠着生，花黄色。上生分枝型，株型扇形。角果黄绿色，斜生型，籽粒节明显。株高181厘米，有效分枝部位高65厘米，一次有效分枝数38个，植株主茎数6个，主花序平均长38厘米，主花序平均角果数130个，主花序平均角果密度3.42个/厘米，单株总角果数2 159个，角果长度4.21厘米，角果宽度0.34厘米，每角粒数12.90粒，千粒重3.09克，种皮黄褐色。

品质性状： DJYMB14号种子芥酸0.00%，硫苷24.23微摩尔/克·饼，含油率42.43%，蛋白质26.30%，油酸66.54%。

材料来源： DJYMB15号是贵州省油菜研究所和贵州禾睦福种子有限公司利用甘蓝型油菜自育隐性核不育材料9904AB，经多年连续多代选育而成的多茎、多叶、密角隐性核不育两型系。

特征特性： DJYMB15号属甘蓝型油菜半冬性隐性核不育两型系。育苗移栽全生育期218天。子叶绿色，幼茎及心叶绿色，刺毛少，基叶黄绿色，叶脉白色，叶缘波状，蜡粉少，半直立生长，裂叶7片，主茎总叶片数70叶，最大叶长44.5厘米，叶宽16.5厘米。薹茎绿色，薹茎叶狭长三角形、半抱茎着生。花瓣中、平展、侧叠着生，花黄色。上生分枝型，株型扇形。角果黄绿色，斜生型，籽粒节明显度。株高180厘米，有效分枝部位高56厘米，一次有效分枝数36个，植株主茎数6个，主花序平均长45厘米，主花序平均角果数132个，主花序平均角果密度2.93个/厘米，单株总角果数2 108个，角果长度4.79厘米，角果宽度0.48厘米，每角粒数17.6粒，千粒重4.35克，种皮黄褐色。

品质性状： DJYMB15号种子芥酸0.00%，硫苷25.18微摩尔/克·饼，含油率46.13%，蛋白质24.55%，油酸61.98%。

52. 隐性核不育两型系 DJYMB16 号

材料来源：DJYMB16号是贵州省油菜研究所和贵州禾睦福种子有限公司利用甘蓝型油菜自育隐性核不育材料303A-4M化学诱变，经多年多代选育而成的多茎、多叶、密角隐性核不育两型系。

特征特性：DJYMB16号属甘蓝型油菜半冬性隐性核不育两型系。育苗移栽全生育期220天。子叶绿色，幼茎及心叶绿色，刺毛少，基叶黄绿色，叶脉白色，叶缘波状，蜡粉少，半直立生长，裂叶5片，主茎总叶片数97叶，最大叶长39.6厘米，最大叶宽18.0厘米。薹茎绿色，薹茎叶狭长三角形、半抱茎着生。花瓣中、平展、侧叠着生，花黄色。上生分枝型，株型扇形。角果黄绿色，斜生型，籽粒节明显。株高216厘米，有效分枝部位高100厘米，一次有效分枝数38个，植株主茎数5个，主花序平均长70厘米，主花序平均角果数217个，主花序平均角果密度3.10个/厘米，单株总角果数2 396个，角果长度4.95厘米，角果宽度0.45厘米，每角粒数18.40粒，千粒重3.58克，种皮黑褐色。

品质性状：DJYMB16号种子芥酸0.00%，硫苷20.51微摩尔/克·饼，含油率42.70%，蛋白质25.73%，油酸63.95%。

材料来源：DJYMB17号是贵州省油菜研究所和贵州禾睦福种子有限公司利用甘蓝型油菜自育隐性核不育材料303AB-3N天然突变株，经多年多代选育而成多茎、多叶、密角隐性核不育两型系。

特征特性：DJYMB17号属甘蓝型油菜半冬性隐性核不育两型系。育苗移栽全生育期221天。子叶绿色，幼茎及心叶绿色，刺毛少，基叶黄绿色，叶脉白色，叶缘波状，蜡粉少，半直立生长，裂叶5片，主茎总叶片数65叶，最大叶长29.7厘米，最大叶宽10.3厘米。薹茎绿色，薹茎叶狭长三角形、半抱茎着生。花瓣中、平展、侧叠着生，花黄色。上生分枝型，株型扇形。角果黄绿色，斜生型，籽粒节明显。株高183厘米，有效分枝部位高90厘米，一次有效分枝数27个，植株主茎数5个，主花序平均长38厘米，主花序平均角果数95个，主花序平均角果密度2.50个/厘米，单株总角果数1 379个，角果长度3.85厘米，角果宽度0.40厘米，每角粒数13.30粒，千粒重2.94克，种皮黄褐色。

品质性状：DJYMB17号种子芥酸0.00%，硫苷31.56微摩尔/克·饼，含油率41.99%，蛋白质25.48%，油酸60.47%。

材料来源： DJYMB18号是贵州省油菜研究所和贵州禾睦福有限公司利用甘蓝型油菜自育隐性核不育材料305AB，经多年多代系谱法选育而成的多茎、多叶、密角隐性核不育两型系。

特征特性： DJYMB18号属甘蓝型油菜半冬性隐性核不育两型系。育苗移栽全生育期210天。子叶绿色，幼茎绿色，心叶绿色，刺毛少，基叶黄绿色，叶脉白色，叶缘波状，蜡粉少，半直立生长，裂叶7片，主茎总叶片数81叶，最大叶长29.7厘米，最大叶宽11.7厘米。薹茎绿色，薹茎叶剑形、半抱茎着生。花瓣中、平展、侧叠着生，花黄色。匀生分枝型，株型扇形。角果黄绿色，斜生型，籽粒节明显。株高173厘米，有效分枝部位高51厘米，一次有效分枝数39个，植株主茎数3个，主花序平均长46厘米，主花序平均角果数192个，主花序平均角果密度4.17个/厘米，单株总角果数1 619个，角果长度4.79厘米，角果宽度0.37厘米，每角粒数17.30粒，千粒重3.48克，种皮黄褐色。

品质性状： DJYMB18号种子芥酸0.00%，硫苷27.26微摩尔/克·饼，含油率44.60%，蛋白质24.60%，油酸64.28%。

材料来源： DJYMB19号是贵州省油菜研究所和贵州禾睦福种子有限公司利用甘蓝型自育油菜隐性核不育材料316AB群体，经多年多代改良选育而成的多茎、多叶、密角隐性核不育两型系。

特征特性： DJYMB19号属甘蓝型油菜半冬性隐性核不育两型系。育苗移栽全生育期221天。子叶绿色，幼茎及心叶绿色，刺毛少，基叶黄绿色，叶脉白色，叶缘波状，蜡粉少，半直立生长，裂叶6片，主茎总叶片数92叶，最大叶长32.3厘米，叶宽13.5厘米。薹茎绿色，薹茎叶狭长三角形、不抱茎着生。花瓣中、平展、侧叠着生，花黄色。上生分枝型，株型扇形。角果黄绿色，直生型，籽粒节明显度。株高174厘米，有效分枝部位高91厘米，一次有效分枝数37个，植株主茎数6个，主花序平均长55厘米，主花序平均角果数195个，主花序平均角果密度3.55个/厘米，单株总角果数1 891个，角果长度4.52厘米，角果宽度0.38厘米，每角粒数16.80粒，千粒重2.51克，种皮黄褐色。

品质性状： DJYMB19号种子芥酸0.04%，硫苷22.08微摩尔/克·饼，含油率41.12%，蛋白质27.19%，油酸62.52%。

材料来源：DJYMB20号是贵州省油菜研究所和贵州禾睦福种子有限公司利用甘蓝型油菜自育隐性核不育材料317AB，经多年连续多代选育而成的多茎、多叶、密角隐性核不育两型系。

特征特性：DJYMB20号属甘蓝型油菜半冬性隐性核不育两型系。育苗移栽全生育期220天。子叶绿色，幼茎及心叶绿色，刺毛少，基叶黄绿色，叶脉白色，叶缘波状，蜡粉少，半直立生长，裂叶6片，主茎总叶片数53叶，最大叶长43.7厘米，最大叶宽18.5厘米。薹茎绿色，薹茎叶剑形、半抱茎着生。花瓣中、平展、侧叠着生，花黄色。上生分枝型，株型帚形。角果黄绿色，平生型，籽粒节明显。株高186厘米，有效分枝部位高67厘米，一次有效分枝数21个，植株主茎数2个，主花序平均长45厘米，主花序平均角果数337个，主花序平均角果密度7.49个/厘米，单株总角果数1 775个，角果长度4.14厘米，角果宽度0.43厘米，每角粒数14.80粒，千粒重3.05g克，种皮黄褐色。

品质性状：DJYMB20号种子芥酸0.00%，硫苷25.40微摩尔/克·饼，含油率41.26%，蛋白质28.82%，油酸61.96%。

材料来源： DJYMB21号是贵州省油菜研究所和贵州禾睦福种子有限公司利用甘蓝型油菜自育隐性核不育材料302A-2M，经多年多代定向选育成多茎、多叶、密角隐性核不育两型系。

特征特性： DJYMB21号属甘蓝型油菜半冬性隐性核不育两型系。育苗移栽全生育期210天。子叶绿色，幼茎及心叶绿色，刺毛少，基叶黄绿色，叶脉白色，叶缘波状，蜡粉少，半直立生长，裂叶6片，主茎总叶片数55叶，最大叶长37.1厘米，最大叶宽16.6厘米。薹茎绿色，薹茎叶狭长三角形、半抱茎着生。花瓣中、平展、侧叠着生，花黄色。匀生分枝型，株型桶形，角果黄绿色，直生型，籽粒节明显。株高190厘米，有效分枝部位高60厘米，一次有效分枝数20个，植株主茎数4个，主花序平均长64厘米，主花序平均角果数187个，主花序平均角果密度2.92个/厘米，单株总角果数1 057个，角果长度4.94厘米，角果宽度0.36厘米，每角粒数14.90粒，千粒重3.11克，种皮黄褐色。

品质性状： DJYMB21号种子芥酸0.00%，硫苷22.85微摩尔/克·饼，含油率40.40%，蛋白质28.24%，油酸65.51%。

58.隐性核不育两型系 DJYMB22 号

材料来源： DJYMB22号是贵州省油菜研究所和贵州禾睦福种子有限公司利用自育甘蓝型油菜隐性核不育材料302A-9-2M天然突变株，经多年多代定向选育成多茎、多叶、密角隐性核不育两型系。

特征特性： DJYMB22号属甘蓝型油菜半冬性隐性核不育两型系。育苗移栽全生育期210天。子叶绿色，幼茎及心叶绿色，刺毛少，基叶黄绿色，叶脉白色，叶缘波状，蜡粉少，半直立生长，裂叶6片，主茎总叶片数80叶，最大叶长28.8厘米，最大叶宽17.2厘米。薹茎绿色，薹茎叶狭长三角形、半抱茎着生。花瓣中、平展、侧叠着生，花黄色。匀生分枝型，株型扇形，角果黄绿色，平生型，籽粒节明显。株高195厘米，有效分枝部位高120厘米，一次有效分枝数38个，植株主茎数3个，主花序平均长60厘米，主花序平均角果数249个，主花序平均角果密度4.15个/厘米，单株总角果数3 188个，角果长度4.05厘米，角果宽度0.36厘米，每角粒数14.30粒，千粒重3.01克，种皮黄黑褐色。

品质性状： DJYMB22号种子芥酸0.32%，硫苷24.94微摩尔/克·饼，含油率42.94%，蛋白质26.94%，油酸63.08%。

材料来源： DJYMB23号是贵州省油菜研究所和贵州禾睦福种子有限公司利用甘蓝型油菜自育隐性核不育材料317AB，经多年多代定向选育成多茎、多叶、密角隐性核不育两型系。

特征特性： DJYMB23号属甘蓝型油菜半冬性隐性核不育两型系。育苗移栽全生育期209天。子叶绿色，幼茎及心叶绿色，刺毛少，基叶黄绿色，叶脉白色，叶缘波状，蜡粉少，半直立生长，裂叶6片，主茎总叶片数65叶，最大叶长34.0厘米，最大叶宽16.2厘米。薹茎绿色，薹茎叶狭长三角形、半抱茎着生。花瓣中、平展、侧叠着生，花黄色。上生分枝型，株型桶形，角果黄绿色，平生型，籽粒节明显。株高194厘米，有效分枝部位高48厘米，一次有效分枝数26个，植株主茎数3个，主花序平均长54厘米，主花序平均角果数195个，主花序平均角果密度3.61个/厘米，单株总角果数1 590个，角果长度4.84厘米，角果宽度0.35厘米，每角粒数18.20粒，千粒重3.14克，种皮黄褐色。

品质性状： DJYMB23号种子芥酸0.00%，硫苷24.68微摩尔/克·饼，含油率41.20%，蛋白质28.69%，油酸61.19%。

材料来源: DJYMB24号是贵州省油菜研究所和贵州禾睦福种子有限公司利用甘蓝型油菜自育隐性核不育材料302A-9M化学诱变，经多年多代定向选育成多茎、多叶、密角隐性核不育两型系。

特征特性: DJYMB24号属甘蓝型油菜半冬性隐性核不育两型系。育苗移栽全生育期211天。子叶绿色，幼茎及心叶绿色，刺毛少，基叶黄绿色，叶脉白色，叶缘波状，蜡粉少，半直立生长，裂叶4片，主茎总叶片数84叶，最大叶长29.7厘米，最大叶宽13.8厘米。薹茎绿色，薹茎叶狭长三角形、半抱茎着生。花瓣中、平展、侧叠着生，花黄色。上生分枝型，株型扇形，角果黄绿色，斜生型，籽粒节明显。株高191厘米，有效分枝部位高65厘米，一次有效分枝数28个，植株主茎数4个，主花序平均长60厘米，主花序平均角果数171个，主花序平均角果密度2.85个/厘米，单株总角果数2 688个，角果长度3.68厘米，角果宽度0.30厘米，每角粒数12.30粒，千粒重2.87克，种皮黄褐色。

品质性状: DJYMB24号种子芥酸0.70%，硫苷28.03微摩尔/克·饼，含油率41.10%，蛋白质27.53%，油酸60.92%。

材料来源： DJYMB25号是贵州省油菜研究所和贵州禾睦福种子有限公司利用甘蓝型油菜自育隐性核不育材料308AB-6M用系谱法经多年多代定向选育，育成多茎、多叶、密角隐性核不育两型系。

特征特性： DJYMB25号属甘蓝型油菜半冬性隐性核不育两型系。育苗移栽全生育期210天。子叶绿色，幼茎及心叶绿色，刺毛少，基叶黄绿色，叶脉白色，叶缘波状，蜡粉少，半直立生长，裂叶7片，主茎总叶片数67叶，最大叶长43.8厘米，最大叶宽21.3厘米。薹茎绿色，薹茎叶剑形、半抱茎着生。花瓣中、平展、侧叠着生，花黄色。上生分枝型，株型桶形，角果黄绿色，斜生型，籽粒节明显。株高197厘米，有效分枝部位高82厘米，一次有效分枝数33个，植株主茎数2个，主花序平均长54厘米，主花序平均角果数163个，主花序平均角果密度3.02个/厘米，单株总角果数1 954个，角果长度3.90厘米，角果宽度0.40厘米，每角粒数15.60粒，千粒重3.42克，种皮黄褐色。

品质性状： DJYMB25号种子芥酸0.00%，硫苷23.52微摩尔/克·饼，含油率45.67%，蛋白质24.50%，油酸68.44%。

62. 隐性核不育两型系DJYMB26号

材料来源： DJYMB26号是贵州省油菜研究所和贵州禾睦福种子有限公司利用甘蓝型油菜自育隐性核不育材料302-Y-10用系谱法经多年多代定向选育，育成多茎、多叶、密角隐性核不育两型系。

特征特性： DJYMB26号属甘蓝型油菜半冬性隐性核不育两型系。育苗移栽全生育期210天。子叶绿色，幼茎及心叶绿色，刺毛少，基叶黄绿色，叶脉白色，叶缘波状，蜡粉少，半直立生长，裂叶7片，主茎总叶片数84叶，最大叶长44.5厘米，最大叶宽23.5厘米。薹茎绿色，薹茎叶狭长三角形、半抱茎着生。花瓣中、平展、侧叠着生，花黄色。上生分枝型，株型扇形，角果黄绿色，平生型，籽粒节明显。株高177厘米，有效分枝部位高113厘米，一次有效分枝数27个，植株主茎数5个，主花序平均长46厘米，主花序平均角果数280个，主花序平均角果密度6.09个/厘米，单株总角果数1 922个，角果长度4.12厘米，角果宽度0.39厘米，每角粒数14.10粒，千粒重3.29克，种皮黄褐色。

品质性状： DJYMB26号种子芥酸1.03%，硫苷23.28微摩尔/克·饼，含油率44.40%，蛋白质25.96%，油酸64.77%。

材料来源： DJYMB27号是贵州省油菜研究所和贵州禾睦福种子有限公司利用甘蓝型油菜自育隐性核不育材料302-10M，经多年多代定向选育成多茎、多叶、密角隐性核不育两型系。

特征特性： DJYMB27号属甘蓝型油菜半冬性隐性核不育两型系。育苗移栽全生育期211天。子叶绿色，幼茎及心叶绿色，刺毛少，基叶黄绿色，叶脉白色，叶缘波状，蜡粉少，半直立生长，裂叶5片，主茎总叶片数44叶，最大叶长31.8厘米，最大叶宽15.3厘米。薹茎绿色，薹茎叶剑形、半抱茎着生。花瓣中、平展、侧叠着生，花黄色。上生分枝型，株型桶形，角果黄绿色，斜生型，籽粒节明显。株高174厘米，有效分枝部位高115厘米，一次有效分枝数13个，植株主茎数4个，主花序平均长42厘米，主花序平均角果数244个，主花序平均角果密度5.81个/厘米，单株总角果数1 612个，角果长度4.06厘米，角果宽度0.33厘米，每角粒数17.40粒，千粒重2.90克，种皮黄褐色。

品质性状： DJYMB27号种子芥酸0.00%，硫苷30.27微摩尔/克·饼，含油率42.26%，蛋白质27.13%，油酸59.87%。

材料来源：DJYMB28号是贵州省油菜研究所和贵州禾睦福种子有限公司利用甘蓝型油菜自育隐性核不育材料321AB进行小孢子培养，再经多年多代定向选育成多茎、多叶、密角隐性核不育两型系。

特征特性：DJYMB28号属甘蓝型油菜半冬性隐性核不育两型系。育苗移栽全生育期209天。子叶绿色，幼茎及心叶绿色，刺毛少，基叶黄绿色，叶脉白色，叶缘波状，蜡粉少，半直立生长，裂叶7片，主茎总叶片数72叶，最大叶长42.5厘米，最大叶宽18.0厘米。薹茎绿色，薹茎叶剑形、半抱茎着生。花瓣中、平展、侧叠着生，花黄色。上生分枝型，株型扇形，角果黄绿色，斜生型，籽粒节明显。株高180厘米，有效分枝部位高91厘米，一次有效分枝数46个，植株主茎数5个，主花序平均长63厘米，主花序平均角果数153个，主花序平均角果密度2.43个/厘米，单株总角果数1 318个，角果长度3.24厘米，角果宽度0.40毫米，每角粒数11.30粒，千粒重3.89克，种皮黄褐色。

品质性状：DJYMB28号种子芥酸0.00%，硫苷28.07微摩尔/克·饼，含油率44.96%，蛋白质24.26%，油酸61.95%。

　　材料来源：DJYMB29号是贵州省油菜研究所和贵州禾睦福种子有限公司利用甘蓝型油菜自育隐性核不育材料302-5M用系谱法经多年多代定向选育成多茎、多叶、密角隐性核不育两型系。

　　特征特性：DJYMB29号属甘蓝型油菜半冬性隐性核不育两型系。育苗移栽全生育期210天。子叶绿色，幼茎及心叶绿色，刺毛少，基叶黄绿色，叶脉白色，叶缘波状，蜡粉少，半直立生长，裂叶9片，主茎总叶片数51叶，最大叶长45.0厘米，最大叶宽20.5厘米。薹茎绿色，薹茎叶剑形、半抱茎着生。花瓣中、平展、侧叠着生，花黄色。上生分枝型，株型帚形，角果黄绿色，斜生型，籽粒节明显。株高174厘米，有效分枝部位高25厘米，一次有效分枝数19个，植株主茎数2个，主花序平均长45厘米，主花序平均角果数182个，主花序平均角果密度4.04个/厘米，单株总角果数1 009个，角果长度3.07厘米，角果宽度0.33厘米，每角粒数10.80粒，千粒重3.42克，种皮黄褐色。

　　品质性状：DJYMB29号种子芥酸0.00%，硫苷21.95微摩尔/克·饼，含油率43.68%，蛋白质27.27%，油酸65.17%。

材料来源： DJYMB30号是贵州省油菜研究所和贵州禾睦福种子有限公司利用甘蓝型油菜自育隐性核不育材料322AB连续多代定向选育成多茎、多叶、密角隐性核不育两型系。

特征特性： DJYMB30号属甘蓝型油菜半冬性隐性核不育两型系。育苗移栽全生育期210天。子叶绿色，幼茎及心叶绿色，刺毛少，基叶黄绿色，叶脉白色，叶缘波状，蜡粉少，半直立生长，裂叶5片，主茎总叶片数49叶，最大叶长30.0厘米，最大叶宽14.0厘米。薹茎绿色，薹茎叶剑形、半抱茎着生。花瓣中、平展、侧叠着生，花黄色。匀生分枝型，株型桶形。角果黄绿色，斜生型，籽粒节明显。株高182厘米，有效分枝部位高36厘米，一次有效分枝数23个，植株主茎数2个，主花序平均长70厘米，主花序角果数平均299个，主花序平均角果密度4.27个/厘米，单株总角果数1 028个，角果长度4.6厘米，角果宽度0.38厘米，每角粒数16.70粒，千粒重3.15克，种皮黄褐色。

品质性状： DJYMB30号种子芥酸0.00%，硫苷32.12微摩尔/克·饼，含油率46.52%，蛋白质22.37%，油酸65.43%。

材料来源：DJYMB31号是贵州省油菜研究所和贵州禾睦福种子有限公司利用甘蓝型油菜自育隐性核不育材料303B-8DH用系谱法进行选育，经多年多代定向育成多茎、多叶、密角隐性核不育两型系。

特征特性：DJYMB31号属甘蓝型油菜半冬性隐性核不育两型系。育苗移栽全生育期208天。子叶绿色，幼茎及心叶绿色，刺毛少，基叶黄绿色，叶脉白色，叶缘波状，蜡粉少，半直立生长，裂叶8片，主茎总叶片数79叶，最大叶长42.3厘米，最大叶宽15.9厘米。薹茎绿色，薹茎叶剑形、半抱茎着生。花瓣中、平展、侧叠着生，花黄色。上生分枝型，株型扇形，角果黄绿色，直生型，籽粒节明显。株高188厘米，有效分枝部位高45厘米，一次有效分枝数39个，植株主茎数2个，主花序平均长50厘米，主花序平均角果数164个，主花序平均角果密度3.28个/厘米，单株总角果数1 582个，角果长度4.03厘米，角果宽度0.45厘米，每角粒数14.30粒，千粒重4.14克，种皮黄褐色。

品质性状：DJYMB31号种子芥酸0.00%，硫苷25.80微摩尔/克·饼，含油率45.07%，蛋白质24.66%，油酸70.82%。

68. 隐性核不育两型系 DJYMB32号

材料来源： DJYMB32号是贵州省油菜研究所和贵州禾睦福种子有限公司利用甘蓝型油菜自育隐性核不育材料304-10-5M，经多年多代定向选育成多茎、多叶、密角隐性核不育两型系。

特征特性： DJYMB32号属甘蓝型油菜半冬性隐性核不育两型系。育苗移栽全生育期210天。子叶绿色，幼茎及心叶绿色，刺毛少，基叶黄绿色，叶脉白色，叶缘波状，蜡粉少，直立生长，裂叶5片，主茎总叶片数87叶，最大叶长41.0厘米，最大叶宽16.3厘米。薹茎绿色，薹茎叶狭长三角形、半抱茎着生。花瓣中、平展、侧叠着生，花黄色。上生分枝型，株型扇形，角果黄绿色，斜生型，籽粒节明显。株高185厘米，有效分枝部位高87厘米，一次有效分枝数38个，植株主茎数4个，主花序平均长54厘米，主花序平均角果数194个，主花序平均角果密度3.59个/厘米，单株总角果数2 587个，角果长度3.69厘米，角果宽度0.38厘米，每角粒数16.40粒，千粒重3.21克，种皮黄褐色。

品质性状： DJYMB32号种子芥酸0.00%，硫苷28.74微摩尔/克·饼，含油率41.41%，蛋白质26.95%，油酸62.64%。

材料来源： DJYMB33号是贵州省油菜研究所和贵州禾睦福种子有限公司利用甘蓝型油菜自育隐性核不育材料1927AB、1601AB、240AB、2B、3361B复合杂交，经多年多代定向选育成多茎、多叶、密角隐性核不育两型系。

特征特性： DJYMB33号属甘蓝型油菜半冬性隐性核不育两型系。育苗移栽全生育期208天。子叶绿色，幼茎及心叶绿色，刺毛少，基叶黄绿色，叶脉白色，叶缘波状，蜡粉少，半直立生长，裂叶9片，主茎总叶片数73叶，最大叶长39.2厘米，最大叶宽19.1厘米。薹茎绿色，薹茎叶狭长三角形、半抱茎着生。花瓣中、平展、侧叠着生，花黄色。上生分枝型，株型扇形，角果黄绿色，直生型，籽粒节明显。株高200厘米，有效分枝部位高65厘米，一次有效分枝数35个，植株主茎数3个，主花序平均长58厘米，主花序平均角果数176个，主花序平均角果密度3.03个/厘米，单株总角果数1 488个，角果长度4.91厘米，角果宽度0.55厘米，每角粒数19.80粒，千粒重4.18克，种皮黄褐色。

品质性状： DJYMB33号种子芥酸0.09%，硫苷28.77微摩尔/克·饼，含油率49.05%，蛋白质20.38%，油酸63.42%。

70.隐性核不育两型系DJYMB34号

材料来源： DJYMB34号是贵州省油菜研究所和贵州禾睦福种子有限公司利用甘蓝型油菜自育隐性核不育材料3361AB、2AB连续多代杂交、回交，经多年多代定向选育成多茎、多叶、密角隐性核不育两型系。

特征特性： DJYMB34号属甘蓝型油菜半冬性隐性核不育两型系。育苗移栽全生育期208天。子叶绿色，幼茎及心叶绿色，刺毛少，基叶黄绿色，叶脉白色，叶缘波状，蜡粉少，半直立生长，裂叶7片，主茎总叶片数87叶，最大叶长47.1厘米，最大叶宽18.9厘米。薹茎绿色，薹茎叶剑形、半抱茎着生。花瓣中、平展、侧叠着生，花黄色。上生分枝型，株型扇形，角果黄绿色，斜生型籽粒节明显。株高190厘米，有效分枝部位高73厘米，一次有效分枝数35个，植株主茎数4个，主花序平均长63厘米，主花序平均角果数162个，主花序平均角果密度2.57个/厘米，单株总角果数2 090个，角果长度5.11厘米，角果宽度0.48厘米，每角粒数17.60粒，千粒重4.20克，种皮黑褐色。

品质性状： DJYMB34号种子芥酸0.00%，硫苷32.58微摩尔/克·饼，含油率44.49%，蛋白质22.67%，油酸66.45%。

材料来源： DJYMB35号是贵州省油菜研究所和贵州禾睦福种子有限公司利用甘蓝型油菜自育隐性核不育材料9805-56AB用系谱法进行选育，经多年多代定向育成多茎、多叶、密角隐性核不育两型系。

特征特性： DJYMB35号属甘蓝型油菜半冬性隐性核不育两型系。育苗移栽全生育期209天。子叶绿色，幼茎及心叶绿色，刺毛少，基叶黄绿色，叶脉白色，叶缘波状，蜡粉少，半直立生长，裂叶7片，主茎总叶片数66叶，最大叶长58.1厘米，叶宽19.8厘米。薹茎绿色，薹茎叶狭长三角形、半抱茎着生。花瓣中、平展、侧叠着生，花黄色。匀生分枝型，株型扇形，角果黄绿色，斜生型，籽粒节明显。株高200厘米，有效分枝部位高35厘米，一次有效分枝数40个，植株主茎数2个，主花序平均长52厘米，主花序平均角果数131个，主花序平均角果密度2.52个/厘米，单株总角果数1 655个，角果长度5.15厘米，角果宽度0.47厘米，每角粒数19.30粒，千粒重3.80克，种皮黄褐色。

品质性状： DJYMB35号种子芥酸0.00%，硫苷20.42微摩尔/克·饼，含油率46.39%，蛋白质22.63%，油酸67.54%。

72. 隐性核不育两型系 DJYMB36号

材料来源： DJYMB36号是贵州省油菜研究所和贵州禾睦福种子有限公司利用甘蓝型油菜自育隐性核不育材料367AB用系谱法，经多年多代定向选育成多茎、多叶、密角隐性核不育两型系。

特征特性： DJYMB36号属甘蓝型油菜半冬性隐性核不育两型系。育苗移栽全生育期208天。子叶绿色，幼茎及心叶绿色，刺毛少，基叶黄绿色，叶脉白色，叶缘波状，蜡粉少，半直立生长，裂叶5片，主茎总叶片数64叶，最大叶长47.8厘米，最大叶宽16.9厘米。薹茎绿色，薹茎叶狭长三角形、半抱茎着生。花瓣中、平展、侧叠着生，花黄色。上生分枝型，株型桶形，角果黄绿色，斜生型，籽粒节明显。株高189厘米，有效分枝部位高127厘米，一次有效分枝数10个，植株主茎数4个，主花序平均长40厘米，主花序平均角果数156个，主花序平均角果密度3.90个/厘米，单株总角果数710个，角果长度5.46厘米，角果宽度0.40厘米，每角粒数15.60粒，千粒重4.23克，种皮黄褐色。

品质性状： DJYMB36号种子芥酸0.01%，硫苷30.61微摩尔/克·饼，含油率48.43%，蛋白质22.14%，油酸67.93%。

73. 隐性核不育两型系 DJYMB37号

材料来源： DJYMB37号是贵州省油菜研究所和贵州禾睦福种子有限公司用甘蓝型油菜自育隐性核不育系307AB突变株，经多年多代定向选育成多茎、多叶、密角隐性核不育两型系。

特征特性： DJYMB37号属甘蓝型油菜半冬性隐性核不育两型系，育苗移栽全生育期220天。子叶绿色，幼茎及心叶绿色，刺毛少，基叶黄绿色，叶脉白色，叶缘波状，蜡粉少，半直立生长，裂叶4片，主茎总叶片数91叶，最大叶长46.5厘米，叶宽17.2厘米。薹茎绿色，薹茎叶狭长三角形、半抱茎着生。花瓣中、平展、侧叠着生，花黄色。上生分枝型，株型扇形。角果黄绿色，平生型，籽粒节明显。株高184厘米，有效分枝部位高103厘米，一次有效分枝数10个，植株主茎数4个，主花序平均长40厘米，主花序平均角果数91个，主花序平均角果密度2.23个/厘米，单株总角果数516个，角果长度4.36厘米，角果宽度0.41厘米，每角粒数13.8粒，千粒重3.76克，种皮黄色。

品质性状： DJYMB37号种子芥酸0.14%，硫苷22.61微摩尔/克·饼，含油率42.50%，蛋白质27.64%，油酸60.49%。

材料来源：DJYMB38号是贵州省油菜研究所和贵州禾睦福种子有限公司用甘蓝型油菜自育隐性核不育系307AB突变株，经多年多代定向选育成多茎、多叶、密角隐性核不育两型系。

特征特性：DJYMB38号属甘蓝型油菜半冬性隐性核不育两型系，育苗移栽全生育期220天。子叶绿色，幼茎及心叶绿色，刺毛少，基叶黄绿色，叶脉白色，叶缘波状，蜡粉少，半直立生长，裂叶7片，主茎总叶片数56叶，最大叶长45.0厘米，叶宽17.5厘米。薹茎色绿色，薹茎叶狭长三角形、半抱茎着生。花瓣中、平展、侧叠着生，花黄色。匀生分枝型，株型桶形。角果黄绿色，斜生型，籽粒节明显。株高203厘米，有效分枝部位高75厘米，一次有效分枝数33个，植株主茎数2个，主花序平均长26厘米，主花序平均角果数52个，主花序平均角果密度2.00个/厘米，单株总角果数1 163个，角果长度4.45厘米，角果宽度0.46厘米，每角粒数17.6粒，千粒重3.44克，种皮黄褐色。

品质性状：DJYMB38号种子芥酸0.00%，硫苷23.20微摩尔/克·饼，含油率42.85%，蛋白质27.52%，油酸65.23%。

材料来源： DJYMB39号是贵州省油菜研究所和贵州和睦福种子有限公司利用甘蓝型油菜自育隐性核不育材料9903AB，经多年连续多代选育而成的多茎、多叶、密角隐性核不育两型系。

特征特性： DJYMB39号属甘蓝型油菜半冬性隐性核不育两型系。全生育期210天。子叶绿色，幼茎绿色，心叶绿色，刺毛少，基叶黄绿色，叶脉白色，叶缘波状，蜡粉少，半直立生长，裂叶9片，主茎总叶片数52叶，最大叶长34.6厘米，最大叶宽12.8厘米。薹茎绿色，薹茎叶狭长三角形、半抱茎着生。花冠中，花黄色，花瓣平展，花瓣侧叠着生。上生分枝型，株型帚形。角果色黄绿色，斜生型，籽粒节明显度。株高200厘米，有效分枝部位高74厘米，一次有效分枝数22个，植株主茎数2个，主花序平均长65厘米，主花序平均角果数162个，主花序平均角果密度2.49个/厘米，单株总角果数1 612个，角果长度4.49厘米，角果宽度0.42厘米，每角粒数17.50粒，千粒重3.18克，种皮黄褐色。

品质性状： DJYMB39号种子芥酸0.00%，硫苷23.32微摩尔/克·饼，含油率42.48%，蛋白质26.37%，油酸66.02%。

76.隐性核不育两型系DJYMB40号

材料来源： DJYMB40号是贵州省油菜研究所和贵州禾睦福种子有限公司利用甘蓝型油菜自育隐性核不育材料304AB，经连续多年多代选育而成的多茎、多叶、密角隐性核不育两型系。

特征特性： DJYMB40号属甘蓝型油菜半冬性隐性核不育两型系。育苗移栽全生育期210天。子叶绿色，幼茎及心叶绿色，刺毛少，基叶黄绿色，叶脉白色，叶缘波状，蜡粉少，半直立生长，裂叶7片，主茎总叶片数83叶，最大叶长30.1厘米，最大叶宽9.7厘米。薹茎绿色，薹茎叶狭长三角形、半抱茎着生。花瓣中、平展、侧叠着生，花黄色。上生分枝型，株型扇形。角果黄绿色，斜生型，籽粒节明显。株高201厘米，有效分枝部位高90厘米，一次有效分枝数54个，植株主茎数4个，主花序平均长64厘米，主花序平均角果数150个，主花序平均角果密度2.34个/厘米，单株总角果数2 935个，角果长度4.53厘米，角果宽度0.45厘米，每角粒数18.30粒，千粒重3.16厘米，种皮黄褐色。

品质性状： DJYMB40号种子芥酸18.76%，硫苷31.60微摩尔/克·饼，含油率45.24%，蛋白质25.70%，油酸43.94%。

材料来源： DJYMB41号是贵州省油菜研究所和贵州禾睦福种子有限公司利用甘蓝型油菜自育隐性核不育材料330AB用系谱法进行选育，经多年多代定向育成多茎、多叶、密角隐性核不育两型系。

特征特性： DJYMB41号属甘蓝型油菜半冬性隐性核不育两型系。育苗移栽全生育期210天。子叶绿色，幼茎及心叶绿色，刺毛少，基叶黄绿色，叶脉白色，叶缘波状，蜡粉少，半直立生长，裂叶5片，主茎总叶片数50叶，最大叶长42.0厘米，最大叶宽15.3厘米。薹茎绿色，薹茎叶剑形、半抱茎着生。花瓣中、平展、侧叠着生，花黄色。上生分枝型，株型扇形，角果黄绿色，斜生型，籽粒节明显。株高185厘米，有效分枝部位高80厘米，一次有效分枝数23个，植株主茎数2个，主花序平均长64厘米，主花序平均角果数145个，主花序平均角果密度2.27个/厘米，单株总角果数1 335个，角果长度3.77厘米，角果宽度0.38厘米，每角粒数16.50粒，千粒重3.13克，种皮黑黄色。

品质性状： DJYMB41号种子芥酸0.00%，硫苷29.98微摩尔/克·饼，含油率49.97%，蛋白质18.94%，油酸69.72%。

78. 隐性核不育两型系DYMB42号

材料来源： DYMB42号是贵州省油菜研究所和贵州禾睦福种子有限公司利用甘蓝型油菜品种德油1号选系与自育核不育系6AB杂交转育，经多年多代定向选育成多叶、密角隐性核不育两型系。

特征特性： DYMB42号属甘蓝型油菜半冬性隐性核不育两型系。育苗移栽全生育期219天。子叶绿色，幼茎及心叶绿色，刺毛少，基叶黄绿色，叶脉白色，叶缘波状，蜡粉少，半直立生长，裂叶8片，主茎总叶片数61叶，最大叶长55厘米，最大叶宽19厘米。薹茎绿色，薹茎叶狭长三角形、半抱茎着生。花瓣中、平展，侧叠着生，花黄色。上生分枝型，株型帚形。角果黄绿色，平生型，籽粒节明显。株高211厘米，有效分枝部位高5厘米，一次有效分枝数29个，主花序长45厘米，主花序角果数243个，主花序角果密度5.40个/厘米，单株总角果数2 193个，角果长度4.50厘米，角果宽度0.46厘米，每角粒数18.60粒，千粒重3.89克，种皮黄褐色。

品质性状： DYMB42号种子芥酸0.00%，硫苷24.42微摩尔/克·饼，含油率45.39%，蛋白质26.07%，油酸60.95%。

材料来源： DJYB43号是贵州省油菜研究所和贵州禾睦福种子有限公司利用甘蓝型油菜自育隐性核不育系302AB突变株，经多年多代定向选育成多茎、多叶隐性核不育两型系。

特征特性： DJYB43号属甘蓝型油菜半冬性隐性核不育两型系。育苗移栽全生育期220天。子叶绿色，幼茎及心叶绿色，刺毛少，基叶黄绿色，叶脉白色，叶缘波状，蜡粉少，半直立生长，裂叶7片，主茎总叶片数89叶，最大叶长37.7厘米，最大叶宽19.6厘米。薹茎绿色，薹茎叶狭长三角形、半抱茎着生。花瓣中、平展、侧叠着生，花黄色。匀生分枝型，株型扇形。角果黄绿色，平生型，籽粒节明显。株高181厘米，有效分枝部位高55厘米，一次有效分枝数39个，植株主茎数3个，主花序平均长60厘米，主花序平均角果数98个，主花序平均角果密度1.63个/厘米，单株总角果数2 365个，角果长4.06厘米，角果宽0.41厘米，每角粒数17.6粒，千粒重3.45克，种皮黄褐色。

品质性状： DJYB43号种子芥酸0.00%，硫苷18.93微摩尔/克·饼，含油率43.45%，蛋白质26.93%，油酸64.43%。

80.隐性核不育两型系DJYB44号

材料来源：DJYB44号是贵州省油菜研究所和贵州禾睦福种子有限公司利用甘蓝型油菜自育隐性核不育材料307AB天然变异株307B-10经多年多代选育而成的多茎、多叶隐性核不育两型系。

特征特性：DJYB44号属甘蓝型油菜半冬性隐性核不育两型系。育苗移栽全生育期220天。子叶绿色，幼茎及心叶绿色，刺毛少，基叶黄绿色，叶脉白色，叶缘波状，蜡粉少，半直立生长，裂叶3片，主茎总叶片数69叶，最大叶长28.6厘米，最大叶宽11.7厘米。薹茎绿色，薹茎叶狭长三角形、半抱茎着生。花瓣中、平展、侧叠着生，花黄色。匀生分枝型，株型扇形，角果黄绿色，斜生型，籽粒节明显。株高192厘米，有效分枝部位高43厘米，一次有效分枝数30个，植株主茎数2个，主花序平均长57厘米，主花序平均角果数107个，主花序平均角果密度1.88个/厘米，单株总角果数1 423个，角果长度4.4厘米，角果宽度0.38厘米，每角粒数16.7粒，千粒重3.63克，种皮黄褐色。

品质性状：DJYB44号种子芥酸0.01%，硫苷23.69微摩尔/克·饼，含油率46.37%，蛋白质23.17%，油酸66.73%。

材料来源：DJYB45号是贵州省油菜研究所和贵州禾睦福种子有限公司利用甘蓝型油菜自选隐性核不育材料9903AB天然突变株，经多年连续多代选育而成的多茎、多叶隐性核不育两型系。

特征特性：DJYB45号属甘蓝型油菜半冬性隐性核不育两型系。育苗移栽全生育期220天。子叶绿色，幼茎及心叶绿色，刺毛少，基叶黄绿色，叶脉白色，叶缘波状，蜡粉少，半直立提高生长，裂叶5片，主茎总叶片数99叶，最大叶长40.7厘米，最大叶宽20.0厘米。薹茎绿色，薹茎叶狭长三角形、半抱茎着生。花瓣中、平展、侧叠着生，花黄色。匀生分枝型，株型扇形。角果黄绿色，斜生型，籽粒节明显度。株高200厘米，有效分枝部位高65厘米，一次有效分枝数53个，株植主茎数7个，主花序平均长64厘米，主花序平均角果数96个，主花序平均角果密度1.50个/厘米，单株总角果数3 346个，角果长度4.93厘米，角果宽度0.43厘米，每角粒数19.40粒，千粒重3.46克，种皮黄褐色。

品质性状：DJYB45号种子芥酸0.00%，硫苷18.28微摩尔/克·饼，含油率48.14%，蛋白质22.91%，油酸68.43%。

材料来源： DJYB46号是贵州省油菜研究所和贵州禾睦福种子有限公司利用甘蓝型油菜自育隐性核不育材料308AB-8a，经多年多代定向选育成多茎、多叶隐性核不育两型系。

特征特性： DJYB46号属甘蓝型油菜半冬性隐性核不育两型系。育苗移栽全生育期211天。子叶绿色，幼茎及心叶绿色，刺毛少，基叶黄绿色，叶脉白色，叶缘波状，蜡粉少，半直立生长，裂叶5片，主茎总叶片数81叶，最大叶长38.1厘米，最大叶宽15.7厘米。薹茎绿色，薹茎叶狭长三角形、半抱茎着生。花瓣中、平展、侧叠着生，花黄色。上生分枝型，株型扇形，角果黄绿色，斜生型，籽粒节明显。株高199厘米，有效分枝部位高99厘米，一次有效分枝数35个，植株主茎数4个，主花序平均长48厘米，主花序平均角果数95个，主花序平均角果密度1.98个/厘米，单株总角果数1 930个，角果长度4.31厘米，角果宽度0.38厘米，每角粒数17.90粒，千粒重2.78克，种皮黄色。

品质性状： DJYB46号种子芥酸0.00％，硫苷23.31微摩尔/克·饼，含油率40.22％，蛋白质28.04％，油酸64.89％。

材料来源： DJYB47是贵州省油菜研究所和贵州禾睦福种子有限公司利用甘蓝型油菜自育隐性核不育材料303-3M用化学诱变得到株系，经多年多代定向选育成多茎、多叶隐性核不育两型系。

特征特性： DJYB47号属甘蓝型油菜半冬性隐性核不育两型系。育苗移栽全生育期209天。子叶绿色，幼茎及心叶绿色，刺毛少，基叶黄绿色，叶脉白色，叶缘波状，蜡粉少，半直立生长，裂叶3片，主茎总叶片数83叶，最大叶长31.6厘米，最大叶宽13.1厘米。薹茎绿色，薹茎叶剑形、半抱茎着生。花瓣中、平展、侧叠着生，花黄色。上生分枝型，株型扇形，角果黄绿色，斜生型，籽粒节明显。株高197厘米，有效分枝部位高41厘米，一次有效分枝数42个，植株主茎数3个，主花序平均长77厘米，主花序平均角果数128个，主花序平均角果密度1.66个/厘米，单株总角果数2 602个，角果长度3.71厘米，角果宽度0.43厘米，每角粒数16.50粒，千粒重3.66g，种皮黄褐色。

品质性状： DJYB47号种子芥酸0.00%，硫苷19.12微摩尔/克·饼，含油率46.70%，蛋白质23.72%，油酸69.44%。

材料来源： DJYB48号是贵州省油菜研究所和贵州禾睦福种子有限公司利用甘蓝型油菜自育隐性核不育材料308-12J-8M进行群体改良，经多年多代定向选育成多茎、多叶隐性核不育两型系。

特征特性： DJYB48号属甘蓝型油菜半冬性隐性核不育两型系。育苗移栽全生育期210天。子叶绿色，幼茎及心叶绿色，刺毛少，基叶黄绿色，叶脉白色，叶缘波状，蜡粉少，半直立生长，裂叶6片，主茎总叶片数65叶，最大叶长28.8厘米，最大叶宽15.2厘米。薹茎绿色，薹茎叶狭长三角形、半抱茎着生。花瓣中、平展、侧叠着生，花黄色。上生分枝型，株型帚形，角果黄绿色，斜生型，籽粒节明显。株高172厘米，有效分枝部位高95厘米，一次有效分枝数31个，植株主茎数3个，主花序平均长54厘米，主花序平均角果数104个，主花序平均角果密度1.93个/厘米，单株总角果数1 882个，角果长度4.17厘米，角果宽度0.35厘米，每角粒数15.10粒，千粒重3.10克，种皮黄褐色。

品质性状： DJYB48号种子芥酸0.00%，硫苷27.46微摩尔/克·饼，含油率42.13%，蛋白质26.55%，油酸60.32%。

材料来源：DJYB49号是贵州省油菜研究所和贵州和睦福种子有限公司利用甘蓝型油菜德油杂10号中分离的不育株德油杂10号A为母本，与隐性核不育材料6B杂交获得F_1后，选择苗期多叶、花期多茎的植株成对测交2代后得到F_3，又选择育性分离为1∶1的株行，经3代成对测交选育而成的半矮秆、多茎、多叶隐性核不育两型系。该材料已获农业农村部植物新品种保护权，品种权号：CNA20201000476。

特征特性：DJYB49号属甘蓝型油菜半冬性隐性核不育两型系。育苗移栽全生育期221天。子叶绿色，幼茎及心叶绿色，刺毛少，基叶黄绿色，叶脉白色，叶缘波状，蜡粉少，半直立生长，裂叶2片，主茎总叶片数101叶，最大叶长41.0厘米，最大叶宽11.0厘米。薹茎绿色，薹茎叶狭长三角形、半抱茎着生。花瓣中、平展、侧叠着生，花黄色。上生分枝型，株型桶形。角果黄绿色，斜生型，籽粒节明显度。株高161厘米，有效分枝部位高28厘米，一次有效分枝数29个，植株主茎数6个，主花序平均长54厘米，主花序平均角果数86个，主花序平均角果密度1.59个/厘米，单株总角果数3 262个，角果长度4.12厘米，角果宽度0.40厘米，每角粒数16.40，千粒重2.77克，种皮黄褐色。

品质性状：DJYB49号种子芥酸0.28%，硫苷24.95微摩尔/克·饼，含油率39.53%，蛋白质28.46%，油酸59.32%。

86.甘蓝型油菜萝卜胞质保持系AMB1号

材料来源： AMB1号是贵州省油菜研究所和贵州和睦福种子有限公司以安徽农业科学院选育的临时保持系C02为母本，以甘蓝型油菜自育的隐性核不育材料的保持系2822B为父本杂交获得F₁后，经自交12代得到的多茎、多叶、密角甘蓝型油菜萝卜胞质保持系。该材料已获农业农村部植物新品种保护权，品种权号：CNA20201000465。

特征特性： AMB1号属甘蓝型油菜半冬性萝卜胞质保持系。育苗移栽全生育期208天。子叶绿色，幼茎及心叶绿色，刺毛少，基叶黄绿色，叶脉白色，叶缘波状，蜡粉少，半直立生长，裂叶5片，主茎总叶片数74叶，最大叶长42.8厘米，最大叶宽20.4厘米。薹茎绿色，薹茎叶狭长三角形、半抱茎着生。花瓣中、平展、侧叠着生，花黄色。上生分枝型，株型桶形，角果黄绿色，直生型，籽粒节明显。株高173厘米，有效分枝部位高87厘米，一次有效分枝数34个，植株主茎数5个，主花序平均长30厘米，主花序平均角果数124个，主花序平均角果密度4.13个/厘米，单株总角果数1 021个，角果长度6.04厘米，角果宽度0.50厘米，每角粒数18.50粒，千粒重4.45克，种皮黑褐色。

品质性状： AMB1号种子芥酸0.00%，硫苷24.23微摩尔/克·饼，含油率45.88%，蛋白质25.40%，油酸65.06%。

材料来源： LADJYMB1 号是贵州省油菜研究所和贵州禾睦福种子有限公司利用甘蓝型油菜 LB2822、中双 11 选系、浙油 18 选系、GRG765 聚合杂交转育而成，经多年多代定向选育成矮秆、多茎、多叶、密角萝卜胞质保持系。

特征特性： LADJYMB1 号属甘蓝型油菜半冬性萝卜胞质保持系。育苗移栽全生育期 213 天。幼茎及心叶绿色，无刺毛，基叶浅绿色，叶脉白色，叶缘锯齿，蜡粉少，半直立生长，裂叶 5～6 对，主茎总叶片数 62 叶，最大叶长 40 厘米，最大叶宽 18 厘米。薹茎绿色，薹茎叶狭长三角形、半抱茎着生状态。花冠小，花黄色，花瓣平展、侧叠着生。上生分枝型，株型帚形，角果枇杷黄，斜生型，籽粒节不明显。株高 94 厘米，有效分枝部位 27 厘米，一次分枝数 24 个，植株主茎数 5 个，主花序平均长 30 厘米，主花序平均角果数 124 个，主花序平均角果密度 4.13 个 / 厘米，单株总角果数 643 个，角果长 6.53 厘米，角果宽 0.45 厘米，每角粒数 16.3 粒，千粒重 3.34 克，种皮黄褐色。

品质性状： LADJYMB1 号种子芥酸 0.00%，硫苷 40.72 微摩尔 / 克·饼，含油率 41.46%，蛋白质 25.89%，油酸 57.37%。

第三章
甘蓝型油菜常规品系

　　本章编入46个具有特异性状的甘蓝型油菜常规品系。亩植4 500株左右，其性状表现：主花序角果密度1.04 ～ 3.81个/厘米，单株总角果数204 ～ 1 445个，主花序角果数62 ～ 259个，总叶片数21 ～ 62叶。其中部分材料具有特殊大叶形状，最大叶长57.20厘米，最大叶宽26.21厘米，主茎数1 ～ 6个，株高95 ～ 216厘米，主花序长32 ～ 102厘米，有效分枝部位21 ～ 152厘米，一次分枝数0 ～ 16个，角果长度4.21 ～ 10.12厘米，角果宽度0.38 ～ 0.56厘米，每角粒数12.11 ～ 28.12粒，千粒重3.45 ～ 4.26克，芥酸0.06 % ～ 10.40 %，硫苷4.66 ～ 111.68微摩尔/克·饼，含油量32.75% ～ 53.82%，蛋白质19.44% ～ 31.40%，油酸52.14% ～ 75.01%。这些材料在油菜创新育种中具有重大的利用价值。

88. 甘蓝型油菜常规品系DJYM1号

材料来源： 贵州省油菜研究所和贵州禾睦福种子有限公司以甘蓝型油菜品种油研10号选系恢复系为母本、浙油18选系为父本，杂交后从分离世代选优异单株为母本，中双11选系为父本，杂交后多年多代选优异单株，经⁶⁰Co诱变，自交繁殖，选择获得密角多、主茎高的单株M085。选择稳定的品系037，命名为DJYM1号。

特征特性： DJYM1号属甘蓝型半冬性油菜，育苗移栽生育期218天。子叶绿色，幼茎绿色及新叶绿色，无刺毛，基叶绿色，叶脉白色，叶缘波状，蜡粉少，半直立生长，裂叶4片，总叶片数53叶，最大叶长29.50厘米，最大叶宽10.60厘米。薹茎绿色，薹茎叶狭长三角形、半抱茎着生。花瓣中、平展、侧叠着生，花黄色。上生分枝型，株型帚形，角果绿色，平生型，籽粒节不明显。株高192厘米，有效分枝部位高度80厘米，一次分枝数13个，植株下分3主茎，主花序数5个，主花序平均长68厘米，主花序平均角果数173.4个，主花序平均角果密度2.55个/厘米，单株总角果数964个，角果长度8.66厘米，角果宽度0.47厘米，每角粒数21.25粒，千粒重4.11克，种皮黄褐色。

品质性状： DJYM1号芥酸1.17％，硫苷24.57微摩尔/克·饼，含油率38.56％，蛋白质25.12％，油酸63.24％。

材料来源： 贵州省油菜研究所和贵州禾睦福种子有限公司以甘蓝型油菜品种油研10号恢复系为母本、浙油18选系为父本，杂交后从分离世代选优异单株为母本，以中双11选系为父本，杂交后多年多代选优异单株，经 ^{60} Co 诱变，自交繁殖，选择获得密角多、主茎高的单株M084。选择稳定的品系028，命名为DJYM2号。

特征特性： DJYM2号属甘蓝型半冬性油菜，育苗移栽生育期212天。子叶绿色，幼茎绿色及新叶绿色，无刺毛，基叶绿色，叶脉白色，叶缘波状，蜡粉少，半直立生长，裂叶4片，总叶片数49叶，最大叶长25.60厘米，最大叶宽11.23厘米。薹茎绿色，薹茎叶狭长三角形、半抱茎着生。花瓣中、平展、侧叠着生，花黄色。上生分枝型，株型帚形，角果绿色，平生型，籽粒节不明显。株高189厘米，有效分枝部位高度152厘米，无分枝，下分3茎秆，上分2茎秆，主花序数5个，主花序平均长36厘米，主花序平均角果数78个，主花序平均角果密度2.53个/厘米，单株总角果数390个，角果长度8.23厘米，角果宽度0.45厘米。每角粒数22.56粒，千粒重3.93克，种皮褐色。

品质性状： DJYM2号芥酸0.87%，硫苷26.76微摩尔/克·饼，含油率36.74%，蛋白质31.40%，油酸62.21%。

材料来源： 贵州省油菜研究所和贵州禾睦福种子有限公司以甘蓝型油菜品种中双2号选系为母本、荆油2号选系为父本进行杂交、自交选择获得F_6，利用该F_6单株为父本，以贵州芥菜型油菜地方品种遵义芥菜（角果紧贴花序轴，俗称马尾油菜）为母本杂交获得F_1，自交获得分离群体，选择主花序的角果密度高单株为母本，以中双11选系为父本杂交获得F_1，自交后代选择角果紧贴主花序的高密度角果单株，连续多年套袋单株进行花蕾小孢子培养并经秋水仙素加倍获得稳定的双单倍体。继续套袋自交选择，获得480，命名为DJYM3号。

特征特性： DJYM3号属甘蓝型半冬性油菜，育苗移栽生育期224天。子叶绿色，幼茎绿色及新叶绿色，无刺毛，基叶绿色，叶脉白色，叶缘全缘，蜡粉少，半直立生长，裂叶3片，总叶片数44叶，最大叶长32.69厘米，最大叶宽14.56厘米。薹茎绿色，薹茎叶狭长三角形、半抱茎着生。花瓣中、平展、侧叠着生，花黄色。上生分枝型，株型帚形，角果绿色，平生型，籽粒节明显。株高178厘米，有效分枝部位高度115厘米，无分枝，主茎数3个，主花序数5个，主花序平均长46厘米，主花序平均角果数102个，主花序平均角果密度3.22个/厘米，单株总角果数510个，角果长度6.35厘米，角果宽度0.44厘米，每角粒数21.56粒，千粒重4.02克，种皮黄色。

品质性状： DJYM3号芥酸0.24%，硫苷61.79微摩尔/克·饼，含油率42.74%，蛋白质23.45%，油酸68.16%。

材料来源：贵州省油菜研究所和贵州禾睦福种子有限公司以甘蓝型油菜品种中双2号×荆油2号杂交后代Y335为母本、甘蓝型油菜FY69×R2263的杂交后代为父本进行杂交得到F_1，杂交后代单株选择F_5花蕾小孢子培养并经秋水仙素加倍获得稳定的双单倍体。选择稳定的品系为母本，杂交获得F_1，连续套袋自交，获得稳定密角株系569，命名为DJYM4号。

特征特性：DJYM4号属甘蓝型半冬性油菜，育苗移栽生育期224天。子叶绿色，幼茎绿色及新叶绿色，无刺毛，基叶绿色，叶脉白色，叶缘锯齿状，蜡粉少，半直立生长，裂叶3片，总叶片数43叶，最大叶长25.16厘米，最大叶宽12.73厘米。薹茎绿色，薹茎叶狭长三角形、半抱茎着生。花瓣中、平展、侧叠着生，花黄色。上生分枝型，株型帚形，角果绿色，平生型，籽粒节明显。株高186厘米，有效分枝部位高度112厘米，分枝数4个，中分3主茎，主花序3个，主花序平均长63厘米，主花序平均角果数163个，主花序平均角果密度2.58个/厘米，单株总角果数529个，角果长度7.29厘米，角果宽度0.46厘米，每角粒数23.57粒，千粒重4.16克，种皮黄褐色。

品质性状：DJYM4号芥酸1.49%，硫苷48.22微摩尔/克·饼，含油率45.79%，蛋白质22.61%，油酸66.02%。

材料来源： 贵州省油菜研究所和贵州禾睦福种子有限公司以甘蓝型油菜品种中双2号为母本、甘蓝型荆油2号为父本进行杂交得到F_1，杂交后代单株选择F_5花蕾小孢子培养并经秋水仙素加倍获得稳定的双单倍体。选择稳定的品系714，命名为DJYM5号。

特征特性： DJYM5号属甘蓝型半冬性油菜，育苗移栽生育期224天。子叶绿色，幼茎绿色及新叶绿色，无刺毛，基叶绿色，叶脉白色，叶缘锯齿状，蜡粉少，半直立生长，裂叶6片，总叶片数35叶，最大叶长26.39厘米，最大叶宽12.38厘米。薹茎绿色，薹茎叶狭长三角形、半抱茎着生。花瓣中、平展、侧叠着生，花黄色。上生分枝型，株型帚形，角果绿色，垂生型，籽粒节明显。株高196厘米，有效分枝部位高度134厘米，分枝数4个，分枝长20厘米，下分3主茎，主花序4个，主花序平均长51厘米，主花序平均角果数129个，主花序平均角果密度3.13个/厘米，单株总角果数497个，角果长度7.92厘米，角果宽度0.46厘米，每角粒数23.66粒，千粒重4.22克，种皮黄色。

品质性状： DJYM5号芥酸0.26%，硫苷32.02微摩尔/克·饼，含油率42.88%，蛋白质25.83%，油酸66.54%。

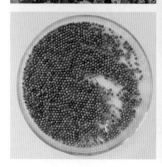

材料来源： 贵州省油菜研究所和贵州禾睦福种子有限公司以甘蓝型油菜品种中双2号为母本、甘蓝型荆油2号为父本进行杂交得到F_1，杂交后代单株选择F_5花蕾小孢子培养并经秋水仙素加倍获得稳定的双单倍体。选择稳定的品系714-1，命名为DJYM6号。

特征特性： DJYM6号属甘蓝型半冬性油菜，育苗移栽生育期224天。子叶绿色，幼茎绿色及新叶绿色，无刺毛，基叶绿色，叶脉白色，叶缘锯齿状，蜡粉少，半直立生长，裂叶6片，总叶片数46叶，最大叶长22.16厘米，最大叶宽11.69厘米。薹茎绿色，薹茎叶狭长三角形、半抱茎着生。花瓣中、平展、侧叠着生，花黄色。上生分枝型，株型帚形，角果绿色，平生型，籽粒节明显。株高184厘米，有效分枝部位高度97厘米，分枝数16个，分枝长20～40厘米，中分2主茎，主花序4个，主花序平均长46厘米，主花序平均角果数143个，主花序平均角果密度3.11个/厘米，单株总角果数823个，角果长度7.52厘米，角果宽度0.40厘米，每角粒数21.06粒，千粒重4.04克，种皮绿色。

品质性状： DJYM6号芥酸0.33％，硫苷44.89微摩尔/克·饼，含油率45.56％，蛋白质27.94％，油酸64.92％。

材料来源：贵州省油菜研究所和贵州禾睦福种子有限公司以甘蓝型油菜品种油研50优良性状的稳定单株为母本，以Dw2301为父本杂交得到F₁，再与中双11选系杂交，选择连续套袋自交稳定的品系744，命名为DJYM7号。

特征特性：DJYM7号属甘蓝型半冬性油菜，育苗移栽生育期219天。子叶绿色，幼茎绿色及新叶绿色，无刺毛，基叶黄绿色，叶脉白色，叶缘锯齿状，蜡粉少，半直立生长，裂叶6片，总叶片数52叶，最大叶长31.22厘米，最大叶宽16.23厘米。薹茎绿色，薹茎叶狭长三角形、半抱茎着生。花瓣中、平展、侧叠着生，花黄色。上生分枝型，株型帚形，角果绿色，平生型，籽粒节不明显。株高176厘米，有效分枝部位高度56厘米，分枝数15个，主花序数3个，主花序平均长78厘米，主花序平均角果数196个，主花序平均角果密度2.51个/厘米，单株总角果数769个，角果长度9.56厘米，角果宽度0.44厘米，每角粒数22.35粒，千粒重4.06克，种皮黄绿色。

品质性状：DJYM7号芥酸0.32％，硫苷29.85微摩尔/克·饼，含油率45.46％，蛋白质22.62％，油酸63.20％。

材料来源： 贵州省油菜研究所和贵州禾睦福种子有限公司以甘蓝型油菜中双2号选系为母本、荆油2号选系为父本杂交得到F_1后，经自交5代得到F_6，又以遵义芥菜为母本与该F_6杂交获得F_1，经自交1代得到F_2后，再以中双11选系为父本杂交获得F_1，自交1代获得F_2后，以中双11选系为父本回交获得BC_1F_1，经自交1代得到BC_1F_2后，再次以中双11选系号为父本回交获得BC_2F_2，再次自交1代获得BC_2F_3后进行小孢子培养并经秋水仙素加倍得到甘蓝型油菜双单倍体。选择连续套袋自交获得稳定的品系771，命名为DJYM8号。

特征特性： DJYM8号属甘蓝型半冬性油菜，育苗移栽生育期219天。子叶绿色，幼茎绿色及新叶绿色，无刺毛，基叶黄绿色，叶脉白色，叶缘锯齿状，蜡粉少，半直立生长，裂叶6片，总叶片数56叶，最大叶长29.54厘米，最大叶宽15.69厘米。薹茎绿色，薹茎叶狭长三角形、半抱茎着生。花瓣中、平展、侧叠着生，花黄色。上生分枝型，株型帚形，角果绿色，平生型，籽粒节不明显。株高202厘米，有效分枝部位高度129厘米，分枝数8个，主茎数5个，主花序数7个，主花序平均长62厘米，主花序平均角果数193个，主花序平均角果密度2.86个/厘米，单株总角果数1 445个，角果长度6.96厘米，角果宽度0.42厘米，每角粒数21.33粒，千粒重3.96克，种皮黄色。

品质性状： DJYM8号芥酸1.25%，硫苷28.49微摩尔/克·饼，含油率42.59%，蛋白质27.91%，油酸53.85%。

96. 甘蓝型油菜常规品系DJYM9号

材料来源: 贵州省油菜研究所和贵州禾睦福种子有限公司以甘蓝型油菜中双2号选系为母本、荆油2号选系为父本杂交得到F_1后,经自交5代得到F_6,又以遵义芥菜为母本与该F_6杂交获得F_1,经自交1代得到F_2后,再以中双11选系为父本杂交获得F_1,自交1代获得F_2后,以中双11选系为父本回交获得BC_1F_1,经自交1代得到BC_1F_2后,再次以中双11选系为父本回交获得BC_2F_2,再次自交1代获得BC_2F_3后进行小孢子培养并经秋水仙素加倍得到甘蓝型油菜双单倍体。选择连续套袋自交获得稳定的品系771-1,命名为DJYM9号。

特征特性: DJYM9号属甘蓝型半冬性油菜,育苗移栽生育期219天。子叶绿色,幼茎绿色及新叶绿色,无刺毛,基叶黄绿色,叶脉白色,叶缘锯齿状,蜡粉少,半直立生长,裂叶6片,总叶片数62叶,最大叶长28.42厘米,最大叶宽12.63厘米。薹茎绿色,薹茎叶狭长三角形、半抱茎着生。花瓣中、平展、侧叠着生,花黄色。上生分枝型,株型帚形,角果绿色,平生型,籽粒节不明显。株高192厘米,有效分枝部位高度134厘米,分枝数3个,主茎数6个,主花序数6个,主花序平均长48厘米,主花序平均角果数103.2个,主花序平均角果密度2.15个/厘米,单株总角果数681个,角果长度6.96厘米,角果宽度0.42厘米,每角粒数21.33粒,千粒重3.96克,种皮黄褐色。

品质性状: DJYM9号芥酸0.40%,硫苷24.38微摩尔/克·饼,含油率40.46%,蛋白质28.68%,油酸60.77%。

材料来源： 贵州省油菜研究所和贵州禾睦福种子有限公司利用甘蓝型油菜自育材料GRF636与Q138杂交转育经多年多代定向选育而成。选择连续套袋自交获得稳定的品系394，命名为DJYM10号。

特征特性： DJYM10号属甘蓝型半冬性油菜，育苗移栽生育期219天。子叶绿色，幼茎绿色及新叶绿色，无刺毛，基叶黄绿色，叶脉白色，叶缘锯齿状，蜡粉少，半直立生长，裂叶4片，总叶片数28叶，最大叶长26.26厘米，最大叶宽12.69厘米。薹茎绿色，薹茎叶狭长三角形、半抱茎着生。花瓣中、平展、侧叠着生，花黄色。上生分枝型，株型帚形，角果绿色，平生型，籽粒节不明显。株高186厘米，有效分枝部位高度126厘米，分枝数4个，主花序数2个，主花序平均长43厘米，主花序平均角果数121个，主花序平均角果密度2.81个/厘米，单株总角果数375个，角果长度8.69厘米，角果宽度0.44厘米，每角粒数22.36粒，千粒重4.03克，种皮黄褐色。

品质性状： DJYM10号芥酸0.92%，硫苷29.06微摩尔/克·饼，含油率44.55%，蛋白质24.68%，油酸68.32%。

材料来源： 贵州省油菜研究所和贵州禾睦福种子有限公司以甘蓝型油菜品种中双2号选系为母本、荆油2号选系为父本进行杂交、自交选择获得F6，利用该F6单株为父本，以贵州芥菜型油菜地方品种遵义芥菜（角果紧贴花序轴，俗称马尾油菜）为母本杂交获得F1，自交获得分离群体，选择主花序的角果密度高单株为母本，以中双11选系为父本杂交获得F1，自交后代选择角果紧贴主花序的高密度角果单株，连续多年套袋单株进行花蕾小孢子培养并经秋水仙素加倍获得稳定的双单倍体。继续套袋自交选择，获得Y335，再以FY69R、2263、ZYL自育材料与Y335复合杂交，继续套袋自交，选择稳定的品系417，命名为DJYM11号。

特征特性： DJYM11号属甘蓝型半冬性油菜，育苗移栽生育期219天。子叶绿色，幼茎绿色及新叶绿色，无刺毛，基叶黄绿色，叶脉白色，叶缘锯齿状，蜡粉少，半直立生长，总叶片数38叶，最大叶长28.52厘米，最大叶宽12.85厘米。薹茎绿色，薹茎叶狭长三角形、半抱茎着生。花瓣中、平展、侧叠着生，花黄色。上生分枝型，株型帚形，角果绿色，平生型，籽粒节明显。株高206厘米，有效分枝部位高度136厘米，分枝数9个，主茎数2个，主花序数5个，主花序平均长64厘米，主花序平均角果数175个，主花序平均角果密度2.61个/厘米，单株总角果数956个，角果长度9.12厘米，角果宽度0.46厘米，每角粒数21.23粒，千粒重3.91克，种皮黑色。

品质性状： DJYM11号芥酸0.51％，硫苷43.99微摩尔/克·饼，含油率47.40％，蛋白质25.29％，油酸56.15％。

材料来源： 贵州省油菜研究所和贵州禾睦福种子有限公司以中双2号选系为母本、荆油2号选系为父本杂交得到F_1后，经自交5代得到F_6，又以遵义芥菜为母本与该F_6杂交获得F_1，经自交1代得到F_2后，再以中双11为父本杂交获得F_1，自交1代获得F_2后，以中双11为父本回交获得BC_1F_1，经自交1代得到BC_1F_2后，再次以中双11为父本回交获得BC_2F_2，再次自交1代获得BC_2F_3后进行小孢子培养并经秋水仙素加倍得到甘蓝型油菜双单倍体。选择连续套袋自交获得稳定的品系771-14，命名为DJYM12号。

特征特性： DJYM12号属甘蓝型半冬性油菜，育苗移栽生育期221天。子叶绿色，幼茎绿色及新叶绿色，无刺毛，基叶绿色，叶脉白色，叶缘锯齿状，蜡粉少，半直立生长，裂叶8片，总叶片数59叶，最大叶长38.56厘米，最大叶宽18.57厘米。薹茎绿色，薹茎叶狭长三角形、半抱茎着生。花瓣中、平展、侧叠着生，花黄色。上生分枝型，株型帚形，角果绿色，平生型，籽粒节不明显。株高196厘米，有效分枝部位高度134厘米，分枝数2个，主茎数4个，主花序平均长53厘米，主花序平均角果数165个，主花序平均角果密度3.11个/厘米，单株总角果数673个，角果长度6.96厘米，角果宽度0.56厘米，每角粒数28.12粒，千粒重4.26克，种皮黄色。

品质性状： DJYM12号芥酸0.99％，硫苷35.35微摩尔/克·饼，含油率43.06％，蛋白质28.68％，油酸65.05％。

材料来源：贵州省油菜研究所和贵州禾睦福种子有限公司以中双2号选系为母本、荆油2号选系为父本杂交得到 F_1 后，经自交5代得到 F_6，又以遵义芥菜为母本与该 F_6 杂交获得 F_1，经自交1代得到 F_2 后，再以中双11为父本杂交获得 F_1，自交1代获得 F_2 后，以中双11为父本回交获得 BC_1F_1，经自交1代得到 BC_1F_2 后，再次以中双11为父本回交获得 BC_2F_2，再次自交1代获得 BC_2F_3 后进行小孢子培养并经秋水仙素加倍得到甘蓝型油菜双单倍体。选择连续套袋自交获得稳定的品系771-12，命名为DJYM13号。

特征特性：DJYM13号属甘蓝型半冬性油菜，育苗移栽生育期221天。子叶绿色，幼茎绿色及新叶绿色，无刺毛，基叶绿色，叶脉白色，叶缘锯齿状，蜡粉少，半直立生长，裂叶8片，总叶片数54叶，最大叶长54.25厘米，最大叶宽22.69厘米。薹茎绿色，薹茎叶狭长三角形、半抱茎着生。花瓣中、平展、侧叠着生，花黄色。上生分枝型，株型帚形，角果绿色，平生型，籽粒节不明显。株高205厘米，有效分枝部位高度127厘米，分枝数7个，主茎数4个，主花序数6个，主花序平均长71厘米，主花序平均角果数151个，主花序平均角果密度2.13个/厘米，单株总角果数1 012个，角果长度7.59厘米，角果宽度0.48厘米，每角粒数22.69粒，千粒重3.68克，种皮黄褐色。

品质性状：DJYM13号芥酸0.55%，硫苷38.93微摩尔/克·饼，含油率41.89%，蛋白质28.55%，油酸58.73%。

材料来源： 贵州省油菜研究所和贵州禾睦福种子有限公司以甘蓝型油菜中双2号选系为母本、荆油2号选系为父本杂交得到F_1后，经自交5代得到F_6，又以遵义芥菜为母本与该F_6杂交获得F_1，经自交1代得到F_2后，再以中双11为父本杂交获得F_1，自交1代获得F_2后，以中双11为父本回交获得BC_1F_1，经自交1代得到BC_1F_2后，再次以中双11为父本回交获得BC_2F_2，再次自交1代获得BC_2F_3后进行小孢子培养并经秋水仙素加倍得到甘蓝型油菜双单倍体。选择连续套袋自交获得稳定的品系771-11，命名为DJYM14号。

特征特性： DJYM14号属甘蓝型半冬性油菜，育苗移栽生育期221天。子叶绿色，幼茎绿色及新叶绿色，无刺毛，基叶绿色，叶脉白色，叶缘锯齿状，蜡粉少，半直立生长，裂叶8片，总叶片数58叶，最大叶长52.63厘米，最大叶宽23.21厘米。薹茎绿色，薹茎叶狭长三角形、半抱茎着生。花瓣中、平展、侧叠着生，花黄色。上生分枝型，株型帚形，角果绿色，平生型，籽粒节不明显。株高202厘米，有效分枝部位高度113厘米，分枝数8个，主茎数5个，主花序数6个，其中2个主花序密角，密角主花序平均长73厘米，密角主花序平均角果数147个，主花序平均角果密度2.01个/厘米，单株总角果数867个，角果长度7.54厘米，角果宽度0.46厘米，每角粒数24.35粒，千粒重3.85克，种皮黄褐色。

品质性状： DJYM14号芥酸1.45％，硫苷34.91微摩尔/克·饼，含油率45.22％，蛋白质26.77％，油酸55.81％。

材料来源： 贵州省油菜研究所和贵州禾睦福种子有限公司以甘蓝型油菜中双2号选系为母本、荆油2号选系为父本杂交得到F_1后，经自交5代得到F_6，又以遵义芥菜为母本与该F_6杂交获得F_1，经自交1代得到F_2后，再以中双11为父本杂交获得F_1，自交1代获得F_2后，以中双11为父本回交获得BC_1F_1，经自交1代得到BC_1F_2后，再次以中双11为父本回交获得BC_2F_2，再次自交1代获得BC_2F_3后进行小孢子培养并经秋水仙素加倍得到甘蓝型油菜双单倍体。选择连续套袋自交获得稳定的品系771-13，命名为DJYM15号。

特征特性： DJYM15号属甘蓝型半冬性油菜，育苗移栽生育期221天。子叶绿色，幼茎绿色及新叶绿色，无刺毛，基叶绿色，叶脉白色，叶缘锯齿状，蜡粉少，半直立生长，裂片8叶，总叶片数51叶，最大叶长54.21厘米，最大叶宽24.62厘米。薹茎绿色，薹茎叶狭长三角形、半抱茎着生。花瓣中、平展、侧叠着生，花黄色。上生分枝型，株型帚形，角果绿色，平生型，籽粒节不明显。株高195厘米，有效分枝部位高度117厘米，分枝数2个，主茎数2个，主花序数6个，主花序平均长74厘米，主花序平均角果数185个，主花序平均角果密度2.47个/厘米，单株总角果数1 136个，角果长度7.54厘米，角果宽度0.46厘米，每角粒数24.35粒，千粒重3.85克，种皮黄色。

品质性状： DJYM15号芥酸0.50%，硫苷43.95微摩尔/克·饼，含油率40.86%，蛋白质26.25%，油酸64.68%。

材料来源：贵州省油菜研究所和贵州禾睦福种子有限公司以甘蓝型油菜品种中双2号选系为母本、荆油2号选系为父本进行杂交得到F₁后，经自交选择获得F₆，利用该F₆单株为父本，以贵州芥菜型油菜地方品种遵义芥菜（角果紧贴花序轴，俗称马尾油菜）为母本杂交获得F₁，自交获得分离群体，选择主花序角果密度高的单株为母本，以中双11为父本杂交获得F₁，自交后代选择角果紧贴主花序的高密度角果单株，连续多年套袋单株进行花蕾小孢子培养并经秋水仙素加倍获得稳定的双单倍体。继续套袋自交选择Y335-40N，又以自育材料Y335-40N与X35杂交转育经多年多代定向选择。选择稳定的品系730-11，命名为DJYM16号。

特征特性：DJYM16号属甘蓝型半冬性油菜，育苗移栽生育期216天。子叶绿色，幼茎绿色及新叶绿色，无刺毛，基叶绿色，叶脉白色，叶缘锯齿状，蜡粉少，半直立生长，裂叶6片，总叶片数39叶，最大叶长49.56厘米，最大叶宽25.69厘米。薹茎绿色，薹茎叶狭长三角形、半抱茎着生。花瓣中、平展、侧叠着生，花黄色。下生分枝型，株型帚形，角果绿色，平生型，籽粒节不明显。株高196厘米，有效分枝部位高度104厘米，分枝数6个，植株主茎数5个，主花序数6个，主花序平均长77厘米，主花序平均角果数179个，主花序平均角果密度2.32个/厘米，单株总角果数1 119个，角果长度7.59厘米，角果宽度0.46厘米，每角粒数22.47粒，千粒重3.95克，种皮黄褐色。

品质性状：DJYM16号芥酸0.40%，硫苷35.13微摩尔/克·饼，含油率44.27%，蛋白质26.40%，油酸60.93%。

材料来源：贵州省油菜研究所和贵州禾睦福种子有限公司以自育材料甘蓝型油菜品种油研10号选系恢复系为母本、浙油18选系为父本，杂交后从分离世代选优异单株为母本，以中双11选系为父本，杂交后多年多代选优异单株，经^{60}Co诱变，自交繁殖，选择获得密角多主茎高的单株M024，选择稳定的品系038，命名为DJYM17号。

特征特性：DJYM17号属甘蓝型半冬性油菜，育苗移栽生育期215天。子叶绿色，幼茎绿色及新叶绿色，无刺毛，基叶绿色，叶脉白色，叶缘波状，蜡粉少，半直立生长，裂叶4片，总叶片数36叶，最大叶长31.50厘米，最大叶宽12.70厘米。薹茎绿色，薹茎叶狭长三角形、半抱茎着生。花瓣中、平展、侧叠着生，花黄色。上生分枝型，株型帚形，角果绿色，平生型，籽粒节不明显。株高197厘米，有效分枝部位高度84厘米，一次分枝数8个，植株下分2主茎，主花序平均长72厘米，主花序平均角果数165个，主花序平均角果密度2.29个/厘米，单株总角果数516个，角果长度7.94厘米，角果宽度0.41厘米，每角粒数22.15粒，千粒重3.79克，种皮黄褐色。

品质性状：DJYM17号芥酸0.80％，硫苷39.73微摩尔/克·饼，含油率39.72％，蛋白质29.85％，油酸68.52％。

105.甘蓝型油菜常规品系DJYM18号

材料来源：贵州省油菜研究所和贵州禾睦福种子有限公司以甘蓝型油菜品种中双2号选系为母本、荆油2号选系为父本进行杂交，经自交选择获得F₆，利用该F₆单株为父本，以贵州芥菜型油菜地方品种遵义芥菜（角果紧贴花序轴，俗称马尾油菜）为母本杂交获得F₁，自交获得分离群体，选择主花序角果密度高的单株为母本，以中双11为父本杂交获得F₁，自交后代选择角果紧贴主花序的高密度角果单株，连续多年套袋单株进行花蕾小孢子培养并经秋水仙素加倍获得稳定的双单倍体，继续套袋自交，选择稳定的品系命名为Y335。利用自育材料白花为母本，以角果密度高的Y335为父本，杂交转育F₁，然后连续多代自交选择单株定向选择稳定的品系172，命名为DJYM18号。

特征特性：DJYM18号属甘蓝型半冬性油菜，育苗移栽生育期221天。子叶绿色，幼茎绿色及新叶绿色，无刺毛，基叶绿色，叶脉白色，叶缘波状，蜡粉少，半直立生长，裂叶6叶，总叶片数56叶，最大叶长25.55厘米，最大叶宽13.25厘米。薹茎绿色，薹茎叶狭长三角形、半抱茎着生。花瓣中、平展、侧叠着生，花黄色。上生分枝型，株型帚形，角果绿色，斜生型，籽粒节不明显。株高175厘米，有效分枝部位高度103厘米，一次分枝数5个，主茎数4个，主花序平均长56厘米，主花序平均角果数142个，主花序平均角果密度2.54个/厘米，单株总角果数689个，角果长度7.54厘米，角果宽度0.45厘米，每角粒数21.22粒，千粒重4.22克，种皮黄褐色。

品质性状：DJYM18号芥酸0.22%，硫苷34.99微摩尔/克·饼，含油率32.75%，蛋白质27.73%，油酸63.31%。

材料来源： 贵州省油菜研究所和贵州禾睦福种子有限公司以甘蓝型油菜中双2号选系为母本、荆油2号选系为父本杂交得到 F_1 后，经自交5代得到 F_6，又以遵义芥菜为母本与该 F_6 杂交获得 F_1，经自交1代得到 F_2 后，再以中双11为父本杂交获得 F_1，自交1代获得 F_2 后，以中双11选系为父本回交获得 BC_1F_1，经自交1代得到 BC_1F_2 后，再次以中双11为父本回交获得 BC_2F_2，再次自交1代获得 BC_2F_3 后进行小孢子培养并经秋水仙素加倍得到甘蓝型油菜双单倍体。继续套袋自交选择，获得764，再以Dw871为父本杂交，继续套袋自交选择，选择稳定的品系734-3，命名为DJYM19号。

特征特性： DJYM19号属甘蓝型半冬性油菜，育苗移栽生育期223天。子叶绿色，幼茎绿色及新叶绿色，无刺毛，基叶黄绿色，叶脉白色，叶缘锯齿状，蜡粉少，半直立生长，裂叶6片，总叶片数53叶，最大叶长28.65厘米，最大叶宽13.16厘米。薹茎绿色，薹茎叶狭长三角形、半抱茎着生。花瓣中、平展、侧叠着生，花黄色。上生分枝型，株型帚形，角果绿色，平生型，籽粒节不明显。株高174厘米，有效分枝部位高度84厘米，分枝数12个，下分4主茎，主花序数4个，主花序平均长53厘米，主花序平均角果数113个，主花序平均角果密度2.13个/厘米，单株总角果数693个，角果长度6.94厘米，角果宽度0.42厘米，每角粒数23.56粒，千粒重3.94克，种皮褐色。

品质性状： DJYM19号芥酸2.16%，硫苷55.22微摩尔/克·饼，含油率42.32%，蛋白质27.25%，油酸61.52%。

107. 甘蓝型油菜常规品系DJYM20号

材料来源：贵州省油菜研究所和贵州禾睦福种子有限公司以甘蓝型油菜中双2号选系为母本、荆油2号选系为父本杂交得到F₁后，经自交5代得到F₆，又以遵义芥菜为母本与该F₆杂交获得F₁，经自交1代得到F₂后，再以中双11为父本杂交获得F₁，自交1代获得F₂后，以中双11为父本回交获得BC₁F₁，经自交1代得到BC₁F₂后，再次以中双11为父本回交获得BC₂F₂，再次自交1代获得BC₂F₃后进行小孢子培养并经秋水仙素加倍得到甘蓝型油菜双单倍体。继续套袋自交选择，获得764，再以Dw871为父本杂交，继续套袋自交选择，选择稳定的品系734-4，命名为DJYM20号。

特征特性：DJYM20号属甘蓝型半冬性油菜，育苗移栽生育期223天。子叶绿色，幼茎绿色及新叶绿色，无刺毛，基叶油绿色，叶脉白色，叶缘锯齿状，蜡粉少，半直立生长，裂叶6片，总叶片数43叶，最大叶长24.63厘米，最大叶宽12.34厘米。薹茎绿色，薹茎叶狭长三角形、半抱茎着生。花瓣中、平展、侧叠着生，花白色。上生分枝型，株型帚形，角果绿色，斜生型，籽粒节不明显。株高154厘米，有效分枝部位高度84厘米，分枝数5个，下分4主茎，主花序数6个，主花序平均长56厘米，主花序平均角果数108个，主花序平均角果密度1.93个/厘米，单株总角果数664个，角果长度7.12厘米，角果宽度0.46厘米，每角粒数22.11粒，千粒重4.02克，种皮黑色。

品质性状：DJYM20号芥酸0.18%，硫苷30.51微摩尔/克·饼，含油率43.18%，蛋白质28.52%，油酸61.26%。

材料来源：贵州省油菜研究所和贵州禾睦福种子有限公司以甘蓝型油菜中双11选系优良性状的稳定单株为母本、Dw871为父本杂交得到F_1，选择稳定的品系737-3，命名为DJYM21号。

特征特性：DJYM21号属甘蓝型半冬性油菜，育苗移栽生育期221天。子叶绿色，幼茎绿色及新叶绿色，无刺毛，基叶黄绿色，叶脉白色，叶缘锯齿状，蜡粉少，半直立生长，裂叶6片，总叶片数61叶，最大叶长25.21厘米，最大叶宽13.25厘米。薹茎绿色，薹茎叶狭长三角形、半抱茎着生。花瓣中、平展、侧叠着生，花黄色。上生分枝型，株型帚形，角果绿色，斜生型，籽粒节不明显。株高176厘米，有效分枝部位高度112厘米，分枝紧凑，分枝数10个，下分7主茎，主花序数7个，主花序平均长61厘米，主花序平均角果数124个，主花序平均角果密度2.03个/厘米，单株总角果数1 203个，角果长度5.82厘米，角果宽度0.44厘米，每角粒数21.66粒，千粒重3.85克，种皮黑色。

品质性状：DJYM21号芥酸0.64%，硫苷46.33微摩尔/克·饼，含油率45.46%，蛋白质23.28%，油酸61.26%。

109.甘蓝型油菜常规品系DJM1号

材料来源: 贵州省油菜研究所和贵州禾睦福种子有限公司以甘蓝型油菜品种中双2选系为母本、荆油2号选系为父本进行杂交得到 F_1,套袋自交繁殖得到分离群体,套袋自交 F_2 分离世代,选育主花序结果密度高植株,连续套袋自交经多年多代定向选择稳定的品系278,命名为DJM1号。

特征特性: DJM1号属甘蓝型半冬性油菜,育苗移栽生育期217天。子叶绿色,幼茎绿色及新叶绿色,无刺毛,基叶绿色,叶脉白色,叶缘波状,蜡粉少,半直立生长,裂叶4片,总叶片数27叶,最大叶长22.65厘米,最大叶宽11.25厘米。薹茎绿色,薹茎叶狭长三角形、半抱茎着生。花瓣中、平展、侧叠着生,花黄色。上生分枝型,株型帚形,角果绿色,斜生型,籽粒节不明显。株高182厘米,有效分枝部位高度131厘米,一次分枝数6个,主茎数2个,主花序2个,主花序平均长61厘米,主花序平均角果数161个,主花序平均角果密度2.63个/厘米,单株总角果数412个,角果长度6.89厘米,角果宽度0.43厘米,每角粒数23.42粒,千粒重3.96克,种皮褐色。

品质性状: DJM1号芥酸0.45%,硫苷26.49微摩尔/克·饼,含油率41.40%,蛋白质22.76%,油酸63.31%。

110. 甘蓝型油菜常规品系DJM2号

材料来源： 贵州省油菜研究所和贵州禾睦福种子有限公司以甘蓝型油菜品种中双2号选系为母本、荆油2号选系为父本进行杂交得到F_1，杂交后代单株选择F_5花蕾小孢子培养并经秋水仙素加倍获得稳定的双单倍体，选择稳定的品系714-2，命名为DJM2号。

特征特性： DJM2号属甘蓝型半冬性油菜，育苗移栽生育期209天。子叶绿色，幼茎绿色及新叶绿色，无刺毛，基叶绿色，叶脉白色，叶缘锯齿状，蜡粉少，半直立生长，裂叶6片，总叶片数25叶，最大叶长26.21厘米，最大叶宽12.65厘米。薹茎绿色，薹茎叶狭长三角形、半抱茎着生。花瓣中、平展、侧叠着生，花黄色。上生分枝型，株型帚形，角果绿色，平生型，籽粒节不明显。株高195厘米，有效分枝部位高度101厘米，分枝数3个，下分2主茎，中分3主茎，主花序3个，主花序平均长59厘米，主花序平均角果数119个，主花序平均角果密度2.01个/厘米，单株总角果数438个，角果长度7.89厘米，角果宽度0.42厘米。每角粒数22.68粒，千粒重3.96克，种皮黄色。

品质性状： DJM2号芥酸1.64%，硫苷24.71微摩尔/克·饼，含油率44.51%，蛋白质28.27%，油酸63.63%。

材料来源： 贵州省油菜研究所和贵州禾睦福种子有限公司以甘蓝型油菜品种中双2号选系为母本、荆油2号选系为父本进行杂交、自交选择获得F₆，利用该F₆单株为父本，以贵州芥菜型油菜地方品种遵义芥菜（角果紧贴花序轴，俗称马尾油菜）为母本杂交获得F₁，自交获得分离群体，选择主花序角果密度高的单株为母本，以中双11选系为父本杂交获得F₁，自交后代选择角果紧贴主花序的高密度角果单株，连续多年套袋单株进行花蕾小孢子培养并经秋水仙素加倍获得稳定的双单倍体，继续套袋自交选择，获得Y335，自育材料Y335与Dw2301杂交转育经多年多代定向选择，选择稳定的品系072-1，命名为DYM1号。

特征特性： DYM1号属甘蓝型半冬性油菜，育苗移栽生育期216天。子叶绿色，幼茎绿色及新叶绿色，无刺毛，基叶黄绿色，叶脉白色，叶缘锯齿状，蜡粉少，半直立生长，裂叶4片，总叶片数32叶，最大叶长29.36厘米，最大叶宽13.65厘米。薹茎绿色，薹茎叶狭长三角形、半抱茎着生。花瓣中、平展、侧叠着生，花黄色。上生分枝型，株型帚形，角果绿色，平生型，籽粒节不明显。株高182厘米，有效分枝部位高度93厘米，分枝数9个，主花序长68厘米，主花序角果数259个，主花序角果密度3.81个/厘米，单株总角果数596个，角果长度8.69厘米，角果宽度0.44厘米，每角粒数22.36粒，千粒重4.03克，种皮黑色。

品质性状： DYM1号芥酸1.20％，硫苷43.41微摩尔/克·饼，含油率46.87％，蛋白质25.55％，油酸67.80％。

材料来源： 贵州省油菜研究所和贵州禾睦福种子有限公司利用自育甘蓝型油菜主花序角果密度高的GRA031与不育系Q138杂交转育经多年多代定向选择稳定的品系321，命名为DJM2号。

特征特性： DJM2号属甘蓝型半冬性油菜，育苗移栽生育期216天。子叶绿色，幼茎绿色及新叶绿色，无刺毛，基叶绿色，叶脉白色，叶缘锯齿状，蜡粉少，半直立生长，裂叶8片，总叶片数23叶，最大叶长23.25厘米，最大叶宽12.35厘米。薹茎绿色，薹茎叶狭长三角形、半抱茎着生。花瓣中、平展、侧叠着生，花黄色。上生分枝型，株型帚形，角果绿色，平生型，籽粒节不明显。株高183厘米，有效分枝部位高度95厘米，一次分枝数11个，主花序数3个，主花序平均长71厘米，主花序平均角果数146个，主花序平均角果密度为2.06个/厘米，单株总角果数563个，角果长度6.29厘米，角果宽度0.44厘米，每角粒数23.22粒，千粒重4.11克，种皮褐色。

品质性状： DJM2号芥酸0.46％，硫苷27.33微摩尔/克·饼，含油率40.30％，蛋白质24.35％，油酸46.96％。

材料来源： 贵州省油菜研究所和贵州禾睦福种子有限公司以甘蓝型油菜品种中双2号选系为母本、荆油2号选系为父本进行杂交、自交选择获得F_6，利用该F_6单株为父本，以贵州芥菜型油菜地方品种遵义芥菜（角果紧贴花序轴，俗称马尾油菜）为母本杂交获得F_1，自交获得分离群体，选择主花序角果密度高的单株为母本，以中双11为父本杂交获得F_1，自交后代选择角果紧贴主花序的高密度角果单株，连续多年套袋单株进行花蕾小孢子培养并经秋水仙素加倍获得稳定的双单倍体，继续套袋自交选择，获得Y335，再以FY69R、2263、ZYL与Y335复合杂交，继续套袋自交选择，选择稳定的品系334，命名为DJM3号。

特征特性： DJM3号属甘蓝型半冬性油菜，育苗移栽生育期222天。子叶绿色，幼茎绿色及新叶绿色，无刺毛，基叶绿色，叶脉白色，叶缘锯齿状，蜡粉少，半直立生长，裂叶6片，总叶片数34叶，最大叶长21.56厘米，最大叶宽13.64厘米。薹茎绿色，薹茎叶狭长三角形、半抱茎着生。花瓣中、平展、侧叠着生，花黄色。上生分枝型，株型帚形，角果绿色，平生型，籽粒节不明显。株高176厘米，有效分枝部位高度87厘米，一次分枝数6个，主花序数4个，主花序平均长65厘米，主花序平均角果数134个，主花序平均角果密度2.06个/厘米，单株总角果数593个，角果长度7.14厘米，角果宽度0.42厘米，每角粒数21.59粒，千粒重4.15克，种皮黄褐色。

品质性状： DJM3号芥酸2.80%，硫苷40.26微摩尔/克·饼，含油率45.34%，蛋白质24.86%，油酸62.40%。

材料来源：贵州省油菜研究所和贵州禾睦福种子有限公司以甘蓝型油菜品种中双2号选系为母本、荆油2号选系为父本进行杂交、自交选择获得F₆，利用该F₆单株为父本，以贵州芥菜型油菜地方品种遵义芥菜（角果紧贴花序轴，俗称马尾油菜）为母本杂交获得F₁，自交获得分离群体，选择主花序角果密度高的单株为母本，以中双11选系为父本杂交获得F₁，自交后代选择角果紧贴主花序的高密度角果单株，连续多年套袋单株进行花蕾小孢子培养并经秋水仙素加倍获得稳定的双单倍体，继续套袋自交选择，获得Y335，再以FY69R、2263、ZYL与Y335复合杂交，继续套袋自交，选择稳定的品系363，命名为DJYM4号。

特征特性：DJYM4号属甘蓝型半冬性油菜，育苗移栽生育期222天。子叶绿色，幼茎绿色及新叶绿色，无刺毛，基叶绿色，叶脉白色，叶缘波状，蜡粉少，半直立生长，裂叶4片，总叶片数37叶，最大叶长28.63厘米，最大叶宽14.12厘米。薹茎绿色，薹茎叶狭长三角形、半抱茎着生。花瓣中、平展、侧叠着生，花黄色。上生分枝型，株型帚形，角果绿色，平生型，籽粒节不明显。株高216厘米，有效分枝部位高度136厘米，一次分枝数7个，主花序数3个，主花序平均长69厘米，主花序平均角果数189个，主花序平均角果密度2.74个/厘米，单株总角果数613个，角果长度8.26厘米，角果宽度0.44厘米，每角粒数23.91粒，千粒重4.04克，种皮褐黄色。

品质性状：DJYM4号芥酸0.44％，硫苷35.78微摩尔/克·饼，含油率46.18％，蛋白质21.19％，油酸66.66％。

材料来源： 贵州省油菜研究所和贵州禾睦福种子有限公司以甘蓝型油菜品种中双2号选系为母本、荆油2号选系为父本进行杂交得到 F₁，杂交后代单株选择 F₅ 花蕾小孢子培养并经秋水仙素加倍获得稳定的双单倍体，选择稳定的品系714。利用714与不育系Q138杂交转育，经多年多代定向选择稳定的品系114，命名为 DJY1 号。

特征特性： DJY1 号属甘蓝型半冬性油菜，育苗移栽生育期221天。子叶绿色，幼茎绿色及新叶绿色，无刺毛，基叶绿色，叶脉白色，叶缘波状，蜡粉少，半直立生长，裂叶6片，总叶片数38叶，最大叶长24.50厘米，最大叶宽10.50厘米。薹茎绿色，薹茎叶狭长三角形、半抱茎着生。花瓣中、平展、侧叠着生，花黄色。上生分枝型，株型帚形，角果绿色，平生型，籽粒节不明显。株高179厘米，有效分枝部位高度110厘米，一次分枝数8个，植株主茎数2个，主花序平均长65厘米，主花序平均角果数111个，主花序平均角果密度1.70个/厘米，单株总角果数359个，角果长度7.21厘米，角果宽度0.43厘米，每角粒数21.25粒，千粒重3.89克，种皮黄色。

品质性状： DJY1 号芥酸0.08%，硫苷26.46微摩尔/克·饼，含油率44.13%，蛋白质28.70%，油酸63.69%。

材料来源：贵州省油菜研究所和贵州禾睦福种子有限公司以甘蓝型油菜品种中双2号选系为母本、荆油2号选系为父本进行杂交得到F_1，杂交后代单株选择F_5花蕾小孢子培养并经秋水仙素加倍获得稳定的双单倍体，选择稳定的品系714。利用714与不育系Q138杂交转育，经多年多代定向选择稳定的品系，命名为295。再利用295与保持系Q138杂交转育，经多年多代定向选择稳定的品系，命名为ADJYM1号。

特征特性：ADJYM1号属甘蓝型半冬性油菜，育苗移栽生育期219天。子叶绿色，幼茎绿色及新叶绿色，无刺毛，基叶绿色，叶脉白色，叶缘波状，蜡粉少，半直立生长，裂叶6片，总叶片数48叶，最大叶长21.35厘米，最大叶宽10.55厘米。薹茎绿色，薹茎叶狭长三角形、半抱茎着生。花瓣中、平展、侧叠着生，花黄色。上生分枝型，株型帚形，角果绿色，斜生型，籽粒节不明显。株高163厘米，有效分枝部位高度75厘米，一次分枝数6个，主茎数2个，下分2茎，主花序数4个，主花序平均长71厘米，主花序平均角果数153个，主花序平均角果密度2.15个/厘米，单株总角果数762个，角果长度6.89厘米，角果宽度0.43厘米，每角粒数23.42粒，千粒重3.86克，种皮黄褐色。

品质性状：ADJYM1号芥酸2.01%，硫苷111.68微摩尔/克·饼，含油率45.01%，蛋白质24.43%，油酸63.25%。

材料来源： 贵州省油菜研究所和贵州禾睦福种子有限公司以甘蓝型油菜中双2号选系为母本、荆油2号选系为父本杂交得到F_1后，经自交5代得到F_6，又以遵义芥菜为母本与该F_6杂交获得F_1，经自交1代得到F_2后，再以中双11为父本杂交获得F_1，自交1代获得F_2后，以中双11选系为父本回交获得BC_1F_1，经自交1代得到BC_1F_2后，再次以中双11选系为父本回交获得BC_2F_2，再次自交1代获得BC_2F_3后进行小孢子培养并经秋水仙素加倍得到甘蓝型油菜双单倍体。继续套袋自交选择，获得764，再以Dw871为父本杂交，继续套袋自交选择，选择稳定的品系734-2，命名为ADJYM2号。

特征特性： ADJYM2号属甘蓝型半冬性油菜，育苗移栽生育期219天。子叶绿色，幼茎绿色及新叶绿色，无刺毛，基叶绿色，叶脉白色，叶缘锯齿状，蜡粉少，半直立生长，裂叶6片，总叶片数51叶，最大叶长26.23厘米，最大叶宽12.14厘米。薹茎绿色，薹茎叶狭长三角形、半抱茎着生。花瓣中、平展、侧叠着生，花黄色。上生分枝型，株型帚形，角果绿色，斜生型，籽粒节不明显。株高156厘米，有效分枝部位高度48厘米，分枝数3个，下分6主茎，主花序数8个，主花序平均长62厘米，主花序平均角果数96个，主花序平均角果密度1.55个/厘米，单株总角果数776个，角果长度6.68厘米，角果宽度0.44厘米，每角粒数21.24粒，千粒重3.86克，种皮黄褐色。

品质性状： ADJYM2号芥酸0.13%，硫苷45.96微摩尔/克·饼，含油率38.98%，蛋白质26.93%，油酸58.41%。

材料来源： 贵州省油菜研究所和贵州禾睦福种子有限公司以甘蓝型油菜品种中双2号选系为母本、荆油2号选系为父本进行杂交、自交选择获得F_6，利用该F_6单株为父本，以贵州芥菜型油菜地方品种遵义芥菜（角果紧贴花序轴，俗称马尾油菜）为母本杂交获得F_1，自交获得分离群体，选择主花序角果密度高的单株为母本，以中双11为父本杂交获得F_1，自交后代选择角果紧贴主花序的高密度角果单株，连续多年套袋单株进行花蕾小孢子培养并经秋水仙素加倍获得稳定的双单倍体，继续套袋自交，选择稳定的品系329，命名为ADYM1号。

特征特性： ADYM1号属甘蓝型半冬性油菜，育苗移栽生育期222天。子叶绿色，幼茎绿色及新叶绿色，无刺毛，基叶绿色，叶脉白色，叶缘锯齿状，蜡粉少，半直立生长，裂叶8片，总叶片数23叶，最大叶长23.25厘米，最大叶宽12.35厘米。薹茎绿色，薹茎叶狭长三角形、半抱茎着生。花瓣中、平展、侧叠着生，花黄色。上生分枝型，株型帚形，角果绿色，平生型，籽粒节不明显。株高165厘米，有效分枝部位高度95厘米，一次分枝数8个，主花序长62厘米，主花序角果数142个，主花序角果密度2.29个/厘米，单株总角果数423个，角果长度5.76厘米，角果宽度0.40厘米，每角粒数24.59粒，千粒重3.81克，种皮黄褐色。

品质性状： ADYM1号芥酸0.47%，硫苷36.44微摩尔/克·饼，含油率45.75%，蛋白质25.19%，油酸65.83%。

材料来源：贵州省油菜研究所和贵州禾睦福种子有限公司以甘蓝型油菜品种中双2号选系为母本、荆油2号选系为父本进行杂交、自交选择获得F_6，利用该F_6单株为父本，以贵州芥菜型油菜地方品种遵义芥菜（角果紧贴花序轴，俗称马尾油菜）为母本杂交获得F_1，自交获得分离群体，选择主花序角果密度高的单株为母本，以中双11为父本杂交获得F_1，自交后代选择角果紧贴主花序的高密度角果单株，连续多年套袋单株进行花蕾小孢子培养并经秋水仙素加倍获得稳定的双单倍体，继续套袋自交选择Y335-40N，自育材料Y335-40N与X35杂交转育经多年多代定向选择，选择稳定的品系730-12，命名为ADJY1号。

特征特性：ADJY1号属甘蓝型半冬性油菜，育苗移栽生育期216天。子叶绿色，幼茎绿色及新叶绿色，无刺毛，基叶绿色，叶脉白色，叶缘锯齿状，蜡粉少，半直立生长，裂叶6片，总叶片数39叶，最大叶长39.56厘米，最大叶宽26.21厘米。薹茎绿色，薹茎叶狭长三角形、半抱茎着生。花瓣中、平展、侧叠着生，花黄色。下生分枝型，株型帚形，角果绿色，平生型，籽粒节不明显。株高146厘米，有效分枝部位高度21厘米，分枝数16个，主花序数2个，主花序平均长81厘米，主花序平均角果数129个，主花序平均角果密度1.59个/厘米，单株总角果数891个，角果长度6.86厘米，角果宽度0.48厘米，每角粒数23.67粒，千粒重4.03克，种皮褐黄色。

品质性状：ADJY1号芥酸0.50％，硫苷43.95微摩尔/克·饼，含油率40.86％，蛋白质26.25％，油酸64.68％。

材料来源：贵州省油菜研究所和贵州禾睦福种子有限公司利用甘蓝型油菜品种中双2号选系为母本、荆油2号选系为父本进行杂交、自交选择获得F_6，利用该F_6单株为父本，以贵州芥菜型油菜地方品种遵义芥菜（角果紧贴花序轴，俗称马尾油菜）为母本杂交获得F_1，自交获得分离群体，选择主花序角果密度高的单株为母本，以中双11为父本杂交获得F_1，自交后代选择角果紧贴主花序的高密度角果单株，连续多年套袋单株进行花蕾小孢子培养并经秋水仙素加倍获得稳定的双单倍体，继续套袋自交选择，获得Y335，再以Dw2301为父本杂交，继续套袋自交选择，选择稳定的品系728-2，命名为ADJY2号。

特征特性：ADJY2号属甘蓝型半冬性油菜，育苗移栽生育期221天。子叶绿色，幼茎绿色及新叶绿色，无刺毛，基叶绿色，叶脉白色，叶缘锯齿状，蜡粉少，半直立生长，裂叶7片，总叶片数47叶，最大叶长31.23厘米，最大叶宽13.66厘米。薹茎绿色，薹茎叶狭长三角形、半抱茎着生。花瓣中、平展、侧叠着生，花黄色。上生分枝型，株型帚形，角果绿色，斜生型，籽粒节不明显。株高145厘米，有效分枝部位高度66厘米，分枝数14个，下分5主茎，主花序数7个，主花序平均长57厘米，主花序平均角果数98个，主花序平均角果密度1.54个/厘米，单株总角果数966个，角果长度6.86厘米，角果宽度0.42厘米，每角粒数22.16粒，千粒重3.89克，种皮褐黄色。

品质性状：ADJY2号芥酸1.18%，硫苷37.11微摩尔/克·饼，含油率40.29%，蛋白质25.33%，油酸60.26%。

材料来源： 贵州省油菜研究所和贵州禾睦福种子有限公司以甘蓝型油菜品种中双2号选系为母本、荆油2号选系为父本杂交得到F_1后，经自交5代得到F_6，又以遵义芥菜为母本与该F_6杂交获得F_1，经自交1代得到F_2后，再以中双11为父本杂交获得F_1，自交1代获得F_2后，以中双11为父本回交获得BC_1F_1，经自交1代得到BC_1F_2后，再次以中双11为父本回交获得BC_2F_2，再次自交1代获得BC_2F_3后进行小孢子培养并经秋水仙素加倍得到甘蓝型油菜双单倍体，继续套袋自交选择，获得764，再以Dw871为父本杂交，继续套袋自交，选择稳定的品系734，命名为ADJY3号。

特征特性： ADJY3号属甘蓝型半冬性油菜，育苗移栽生育期216天。子叶绿色，幼茎绿色及新叶绿色，无刺毛，基叶绿色，叶脉白色，叶缘锯齿状，蜡粉少，半直立生长，裂叶4片，总叶片数39叶，最大叶长24.56厘米，最大叶宽11.56厘米。薹茎绿色，薹茎叶狭长三角形、半抱茎着生。花瓣中、平展、侧叠着生，花黄色。上生分枝型，株型帚形，角果绿色，斜生型，籽粒节不明显。株高154厘米，有效分枝部位高度65厘米，分枝数8个，下分3主茎，主花序数5个，主花序平均长72厘米，主花序平均角果数111个，主花序平均角果密度1.54个/厘米，单株总角果数824个，角果长度5.96厘米，角果宽度0.42厘米，每角粒数19.64粒，千粒重4.12克，种皮褐色。

品质性状： ADJY3号芥酸0.40％，硫苷40.27微摩尔/克·饼，含油率38.59％，蛋白质26.02％，油酸58.45％。

材料来源： 贵州省油菜研究所和贵州禾睦福种子有限公司以自育材料甘蓝型油菜品种油研10号恢复系为母本、浙油18选系为父本，杂交后从分离世代选择优异单株为母本，以中双11选系为父本，杂交分离后代经^{60}Co诱变，自交繁殖，选择获得密角多主茎的单株M011，再用M011与Dw871杂交转育经多年多代定向选择稳定的品系048，命名为ADY1号。

特征特性： ADY1号属甘蓝型半冬性油菜，育苗移栽生育期215天。子叶绿色，幼茎绿色及新叶绿色，无刺毛，基叶绿色，叶脉白色，叶缘波状，蜡粉少，半直立生长，裂叶4片，总叶片数36叶，最大叶长26.50厘米，最大叶宽13.50厘米。薹茎绿色，薹茎叶狭长三角形、半抱茎着生。花瓣中、平展、侧叠着生，花黄色。上生分枝型，株型帚形，角果绿色，斜生型，籽粒节不明显。株高95厘米，有效分枝部位高度34厘米，一次分枝数8个，主花序长48厘米，主花序角果数76个，主花序角果密度1.58个/厘米，单株总角果数379个，角果长度5.24厘米，角果宽度0.38厘米，每角粒数19.15粒，千粒重3.84克，种皮黄褐色。

品质性状： ADY1号芥酸0.80%，硫苷39.73微摩尔/克·饼，含油率39.72%，蛋白质29.85%，油酸68.52%。

123. 甘蓝型油菜常规品系AM2号

材料来源： 贵州省油菜研究所和贵州禾睦福种子有限公司以甘蓝型油菜品种中双2号选系为母本、荆油2号选系为父本进行杂交、自交选择获得F_6，利用该F_6单株为父本，以贵州芥菜型油菜地方品种遵义芥菜（角果紧贴花序轴，俗称马尾油菜）为母本杂交获得F_1，自交获得分离群体，选择主花序角果密度高的单株为母本，以中双11为父本杂交获得F_1，自交后代选择角果紧贴主花序的高密度角果单株，连续多年套袋单株进行花蕾小孢子培养并经秋水仙素加倍获得稳定的双单倍体，继续套袋自交选择，获得Y335，自育材料Y335与自育301品系杂交转育经多年多代定向选择，选择稳定的品系078，命名为AM2号。

特征特性： AM2号属甘蓝型半冬性油菜，育苗移栽生育期212天。子叶绿色，幼茎绿色及新叶绿色，无刺毛，基叶绿色，叶脉白色，叶缘波状，蜡粉少，半直立生长，裂叶6片，总叶片数24叶，最大叶长36.50厘米，最大叶宽14.50厘米。薹茎绿色，薹茎叶狭长三角形、半抱茎着生。花瓣中、平展、侧叠着生，花黄色。上生分枝型，株型帚形，角果绿色，平生型，籽粒节不明显。株高115厘米，有效分枝部位高度35厘米，一次分枝数7个，主花序长55厘米，主花序角果数113个，主花序角果密度2.05个/厘米，单株总角果数356个，角果长度6.78厘米，角果宽度0.46厘米，每角粒数23.25粒，千粒重3.73克，种皮黄褐色。

品质性状： AM2号芥酸0.10%，硫苷29.92微摩尔/克·饼，含油率44.14%，蛋白质19.44%，油酸63.31%。

材料来源： 贵州省油菜研究所和贵州禾睦福种子有限公司以自育材料甘蓝型油菜品种油研10号恢复系为母本、浙油18选系为父本，杂交后从分离世代选优异单株为母本，以中双11选系为父本，杂交并多年多代选育花叶变异植株，经^{60}Co诱变，自交繁殖，选择获得单株产量高的单株M126，选择稳定的品系006，命名为AHY1号。

特征特性： AHY1号属甘蓝型半冬性油菜，育苗移栽生育期221天。子叶绿色，幼茎绿色及新叶绿色，无刺毛，基叶绿色，叶脉白色，叶缘锯齿状，蜡粉少，半直立生长，裂叶6片，总叶片数31叶，最大叶长34.5厘米，最大叶宽15.9厘米。薹茎绿色，薹茎叶披针形、半抱茎着生。花瓣中、平展、侧叠着生，花黄色。匀生分枝型，株型扇形，角果绿色，平生型，籽粒节不明显。株高165厘米，有效分枝部位高度35厘米，一次分枝数12个，主花序长61厘米，主花序角果数95个，主花序角果密度1.56个/厘米，单株总角果数326个，角果长度5.91厘米，角果宽度0.38厘米，每角粒数21.23粒，千粒重3.69克，种皮黑褐色。

品质性状： AHY1号芥酸0.24％，硫苷35.81微摩尔/克·饼，含油率40.61％，蛋白质26.62％，油酸65.46％。

材料来源： 贵州省油菜研究所和贵州禾睦福种子有限公司以甘蓝型油菜品种中双2号选系为母本、荆油2号选系为父本进行杂交、自交选择获得F_6，利用该F_6单株为父本，以贵州芥菜型油菜地方品种遵义芥菜（角果紧贴花序轴，俗称马尾油菜）为母本杂交获得F_1，自交获得分离群体，选择主花序角果密度高的单株为母本，以中双11为父本杂交获得F_1，自交后代选择角果紧贴主花序的高密度角果单株，连续多年套袋单株进行花蕾小孢子培养并经秋水仙素加倍获得稳定的双单倍体，继续套袋自交选择，获得Y335，自育材料Y335与阳光198选系杂交转育经多年多代定向选择，选择稳定的品系312，命名为HYM1。

特征特性： HYM1属甘蓝型半冬性油菜，育苗移栽生育期219天。子叶绿色，幼茎绿色及新叶绿色，无刺毛，基叶绿色，叶脉白色，叶缘花叶，蜡粉少，半直立生长，裂叶7片，总叶片数26叶，最大叶长27.65厘米，最大叶宽13.25厘米。薹茎绿色，薹茎叶狭长三角形、半抱茎着生。花瓣中、平展、侧叠着生，花黄色。上生分枝型，株型帚形，角果绿色，斜生型，籽粒节不明显。株高167厘米，有效分枝部位高度83厘米，一次分枝数9个，主花序长72厘米，主花序角果数146个，主花序角果密度1.92个/厘米，单株总角果数397个，角果长度7.96厘米，角果宽度0.49厘米，每角粒数22.29粒，千粒重3.74克，种皮黄褐色。

品质性状： HYM1芥酸10.40%，硫苷27.33微摩尔/克·饼，含油率40.30%，蛋白质24.35%，油酸46.96%。

材料来源： 贵州省油菜研究所和贵州禾睦福种子有限公司以甘蓝型油菜品种中双2号选系为母本、荆油2号选系为父本进行杂交、自交选择获得F₆，利用该F₆单株为父本，以贵州芥菜型油菜地方品种遵义芥菜（角果紧贴花序轴，俗称马尾油菜）为母本杂交获得F₁，自交获得分离群体，选择主花序角果密度高的单株为母本，以中双11选系为父本杂交获得F₁，自交后代选择角果紧贴主花序的高密度角果单株，连续多年套袋单株进行花蕾小孢子培养并经秋水仙素加倍获得稳定的双单倍体，继续套袋自交选择，获得Y335，再以FY69R、2263、ZYL自育材料与Y335复合杂交，继续套袋自交选择，选择稳定的品系417，命名为M1号。

特征特性： M1号属甘蓝型半冬性油菜，育苗移栽生育期217天。子叶绿色，幼茎绿色及新叶绿色，无刺毛，基叶绿色，叶脉白色，叶缘锯齿状，蜡粉少，半直立生长，裂叶4片，总叶片数26叶，最大叶长23.42厘米，最大叶宽10.81厘米。薹茎绿色，薹茎叶狭长三角形、半抱茎着生。花瓣中、平展、侧叠着生，花黄色。上生分枝型，株型帚形，角果绿色，斜生型，籽粒节明显。株高203厘米，有效分枝部位高度125厘米，一次分枝数7个，主花序数2个，主花序平均长73厘米，主花序平均角果数168个，主花序平均角果密度2.30个/厘米，单株总角果数499个，角果长度7.59厘米，角果宽度0.46厘米，每角粒数21.65粒，千粒重4.26克，种皮黄色。

品质性状： M1号芥酸0.20%，硫苷33.07微摩尔/克·饼，含油率32.95%，蛋白质22.76%，油酸52.14%。

材料来源： 贵州省油菜研究所和贵州禾睦福种子有限公司以高密度角果甘蓝型油菜GRB252为父本、贵州芥菜型油菜地方品种遵义芥菜（角果紧贴花序主轴，俗称马尾油菜）为受体亲本进行远缘杂交获得F_1，然后连续多代自交选择单株，从中选择角果斜上举且靠近主花序的高密度角单株，定向选择稳定的品系148，命名为M2号。

特征特性： M2号属甘蓝型半冬性油菜，育苗移栽生育期221天。子叶绿色，幼茎绿色及新叶绿色，无刺毛，基叶绿色，叶脉白色，叶缘波状，蜡粉少，半直立生长，裂叶6片，总叶片数21叶，最大叶长23.00厘米，最大叶宽11.50厘米。薹茎绿色，薹茎叶狭长三角形、半抱茎着生。花瓣中、平展、侧叠着生，花黄色。上生分枝型，株型帚形，角果绿色，斜生型，秆硬抗倒伏、株型紧凑，分枝角度30°，籽粒节不明显。株高170厘米，有效分枝部位高度71厘米，一次分枝数11个，主花序长65厘米，主花序角果数141个，主花序角果密度2.16个/厘米，单株总角果数523个，角果长度6.24厘米，角果宽度0.48厘米，每角粒数20.45粒，千粒重4.05克，种皮黑褐色。

品质性状： M2号芥酸0.12%，硫苷27.48微摩尔/克·饼，含油率42.80%，蛋白质24.91%，油酸66.79%。

材料来源： 贵州省油菜研究所和贵州禾睦福种子有限公司以自育材料甘蓝型油菜品种油研10号恢复系为母本、浙油18为父本，杂交后从分离世代选择优异单株为母本、中双11为父本，杂交多年多代选育，经^{60}Co诱变，自交繁殖，选择获得单株产量高的单株M119，选择稳定的品系003，命名为K1号。

特征特性： K1号属甘蓝型半冬性油菜，育苗移栽生育期213天。子叶绿色，幼茎绿色及新叶绿色，无刺毛，基叶绿色，叶脉白色，叶缘锯齿状，蜡粉少，半直立生长，裂叶10片，总叶片数23叶，最大叶长57.2厘米，最大叶宽25.16厘米。薹茎绿色，薹茎叶狭长三角形、半抱茎着生。花瓣中、平展、侧叠着生，花黄色。上生分枝型，株型扇形，角果绿色，平生型，籽粒节不明显。株高195厘米，有效分枝部位高度96厘米，一次分枝数7个，主花序长51厘米，主花序角果数62个，主花序角果密度1.22个/厘米，单株总角果数328个，角果长度5.6厘米，角果宽度0.42厘米。每角粒数20.1粒，千粒重3.45克，种皮黑褐色。

品质性状： K1号芥酸0.07%，硫苷30.64微摩尔/克·饼，含油率42.19%，蛋白质30.04%，油酸66.21%。

材料来源： 贵州省油菜研究所和贵州禾睦福种子有限公司利用自育甘蓝型油菜GRF565，经选择育种，选择抗倒伏优良稳定品系783，命名为DYK1号。

特征特性： DYK1号属甘蓝型半冬性油菜，育苗移栽生育期219天。子叶绿色，幼茎绿色及新叶绿色，无刺毛，基叶黄绿色，叶脉白色，叶缘锯齿状，蜡粉少，半直立生长，总叶片数38叶，最大叶长46.59厘米，最大叶宽22.23厘米。薹茎绿色，薹茎叶狭长三角形、半抱茎着生。花瓣中、平展、侧叠着生，花黄色。上生分枝型，株型帚形，角果绿色，平生型，籽粒节明显。株高195厘米，有效分枝部位高度86厘米，分枝数10个，主花序数2个，主花序平均长38厘米，主花序平均角果数66个，主花序平均角果密度1.74个/厘米，单株总角果数409个，角果长度9.56厘米，角果宽度0.48厘米，每角粒数24.36粒，千粒重5.12克，种皮褐色。

品质性状： DYK1号芥酸1.12%，硫苷26.70微摩尔/克·饼，含油率45.44%，蛋白质29.92%，油酸62.92%。

材料来源： 贵州省油菜研究所和贵州禾睦福种子有限公司利用甘蓝型油菜杂交种油研50后代套袋自交选择优良性状的稳定单株为母本，以Dw871为父本杂交得到F₁，再与中双11杂交，连续套袋自交选育稳定的品系741，命名为DYKM1号。

特征特性： DYKM1号属甘蓝型半冬性油菜，育苗移栽生育期216天。子叶绿色，幼茎绿色及新叶绿色，无刺毛，基叶黄绿色，叶脉白色，叶缘锯齿状，蜡粉少，半直立生长，裂叶7片，总叶片数36叶，最大叶长29.36厘米，最大叶宽12.69厘米。薹茎绿色，薹茎叶狭长三角形、半抱茎着生。花瓣中、平展、侧叠着生，花黄色。上生分枝型，株型帚形，角果绿色，平生型，籽粒节不明显。株高185厘米，植株株型紧凑，秆硬抗倒，有效分枝部位高度56厘米，分枝数11个，主花序长72厘米，主花序角果数139个，主花序角果密度1.83个/厘米，单株总角果数596个，角果长度9.56厘米，角果宽度0.46厘米，每角粒数22.35粒，千粒重4.21克，种皮褐色。

品质性状： DYKM1号芥酸0.32%，硫苷29.85微摩尔/克·饼，含油率45.46%，蛋白质22.62%，油酸63.20%。

材料来源：贵州省油菜研究所和贵州禾睦福种子有限公司以甘蓝型油菜品种中双2号为母本、甘蓝型荆油2号为父本进行杂交得到F_1，杂交后代单株选择F_5花蕾小孢子培养并经秋水仙素加倍获得稳定的双单倍体的父本335，以中双11为母本杂交获得F_1，再以中双11为轮回亲本回交，得到BC_1F_1，自交后代选择植株双主茎稳定品系448，命名为DJK1号。

特征特性：DJK1号属甘蓝型半冬性油菜，育苗移栽生育期214天。子叶绿色，幼茎绿色及新叶绿色，无刺毛，基叶绿色，叶脉白色，叶缘全缘，蜡粉少，半直立生长，无裂片，主茎叶片数23叶，最大叶长19.82厘米，最大叶宽11.16厘米。薹茎绿色，薹茎叶狭长三角形、半抱茎着生。花瓣中、平展、侧叠着生，花黄色。上生分枝型，株型帚形，角果绿色，平生型，籽粒节明显。株高201厘米，有效分枝部位高度110厘米，一次分枝数8个，主花序数2个，主花序平均长69厘米，主花序平均角果数87个，主花序角果密度1.26个/厘米，单株总角果数386个，角果长度7.25厘米，角果宽度0.42厘米，每角粒数25.56粒，千粒重4.25克，种皮黄绿色。

品质性状：DJK1号芥酸1.03％，硫苷34.27微摩尔/克·饼，含油率43.38％，蛋白质28.15％，油酸64.64％。

材料来源： 贵州省油菜研究所和贵州禾睦福种子有限公司以甘蓝型油菜品种中双2号选系为母本、荆油2号选系为父本进行杂交得到F_1，杂交后代单株选择F_5花蕾小孢子培养并经秋水仙素加倍获得稳定的双单倍体的材料335，以此为母本，以中双11为父本杂交获得F_1，再以中双11为轮回亲本回交，得到BC_3F_1，自交后代选择植株双主茎稳定品系458，命名为DJY2号。

特征特性： DJY2号属甘蓝型半冬性油菜，育苗移栽生育期214天。子叶绿色，幼茎绿色及新叶绿色，无刺毛，基叶绿色，叶脉白色，叶缘全缘，蜡粉少，半直立生长，裂片3叶，总叶片数37叶，最大叶长22.36厘米，最大叶宽12.46厘米。薹茎绿色，薹茎叶狭长三角形、半抱茎着生。花瓣中、平展、侧叠着生，花黄色。上生分枝型，株型帚形，角果绿色，平生型，籽粒节明显。株高184厘米，有效分枝部位高度101厘米，一次分枝数8个，主茎数2个，主花序数3个，主花序平均长56厘米，主花序平均角果数93个，主花序平均角果密度1.66个/厘米，单株总角果数321个，角果长度7.54厘米，角果宽度0.49厘米，每角粒数23.39粒，千粒重3.78克，种皮黄色。

品质性状： DJY2号芥酸0.31％，硫苷32.23微摩尔/克·饼，含油率40.18％，蛋白质25.21％，油酸65.36％。

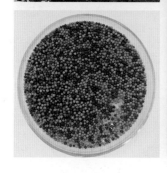

材料来源： 贵州省油菜研究所和贵州禾睦福种子有限公司利用自育甘蓝型油菜GRF565，经选择育种，选择抗倒伏优良双主茎稳定品系782，命名为DJY3号。

特征特性： DJY3号属甘蓝型半冬性油菜，育苗移栽生育期219天。子叶绿色，幼茎绿色及新叶绿色，无刺毛，基叶黄绿色，叶脉白色，叶缘锯齿状，蜡粉少，半直立生长，总叶片数38叶，最大叶长26.22厘米，最大叶宽11.69厘米。薹茎绿色，薹茎叶狭长三角形、半抱茎着生。花瓣中、平展、侧叠着生，花黄色。上生分枝型，株型帚形，角果绿色，平生型，籽粒节明显。株高201厘米，有效分枝部位高度116厘米，分枝数12个，主花序数2个，主花序平均长68厘米，主花序平均角果数101个，主花序平均角果密度1.82个/厘米，单株总角果数486个，角果长度10.12厘米，角果宽度0.48厘米，每角粒数22.37粒，千粒重4.01克，种皮黄褐色。

品质性状： DJY3号芥酸0.57%，硫苷36.15微摩尔/克·饼，含油率46.53%，蛋白质26.36%，油酸71.59%。

第四章

功能型菜用及饲用油菜品系

　　本章编入19份富含维生素C、胡萝卜素、钙和纤维素等多种有益人体健康营养元素的甘蓝型菜用油菜以及10份高蛋白质、高生物产量的甘蓝型饲用油菜种质资源。每亩种植4 500株左右，主花序角果数为10 ~ 234个，主花序角果密度0.48 ~ 3.34个/厘米，单株总角果数最高达1 123个；主茎叶片数14 ~ 109叶，其中部分材料具有特殊大叶形状，最大叶长45厘米，最大叶宽23厘米。多主茎材料14份，株高140 ~ 260厘米，有效分枝部位高20 ~ 125厘米，一次分枝数2 ~ 20个。角果长度3.75 ~ 10.75厘米，角果宽度0.26 ~ 0.60厘米，每角粒数13.10 ~ 36.20粒，千粒重3.38 ~ 6.67克。种子芥酸最高含量5.65%，硫苷最高含量58.01微摩尔/克·饼，含油量37.72% ~ 58.17%，蛋白质15.13% ~ 28.49%，油酸59.17% ~ 76.00%。菜用油菜蕾薹期薹下部水分含量83.3% ~ 92.1%，薹中部水分含量71.4% ~ 90.5%，薹上部水分含量47.3% ~ 69.3%。每100克菜薹中：维生素C含量15 ~ 47.2毫克，β-胡萝卜素含量660 ~ 1 560微克，钙含量103 ~ 173微克。饲用油菜终花期产量5.13 ~ 6.26吨/亩，蕾薹期到盛花期植株粗蛋白含量在19.32% ~ 26.92%之间。薹用和饲用功能型油菜种质资源在油菜创新育种中都具有重大的利用价值，能够拓宽油菜全价值链和全产业链的利用途径，大幅提升油菜的综合效益。

134. 甘蓝型菜用油菜 ADJYMT-1 号

材料来源： ADJYMT-1号是贵州省油菜研究所和贵州禾睦福种子有限公司利用自育材料显R和GRB25杂交转育，经多年多代定向选育成半矮秆、多叶、多茎、密角的菜用油菜材料。

特征特性： ADJYMT-1号属甘蓝型半冬性半矮秆、多叶、多茎、密角的菜用油菜材料，育苗移栽全生育期217天。子叶及幼茎绿色，心叶浅绿色，无刺毛，基叶绿色，叶脉白色，叶缘波浪状，蜡粉少，半直立生长，裂叶5对，主茎总叶片数31叶，最大叶长25.7厘米，最大叶宽17.6厘米。薹茎绿色，薹茎叶狭长三角形、半抱茎着生。花瓣较大、平展、侧叠着生，花深黄色。上生分枝型，株型呈扇形，角果黄绿色，直生型。株高167厘米，有效分枝部位高95厘米，一次分枝数6个，主茎数2个，主花序平均长43厘米，主花序平均角果数88个，主花序平均角果密度2.04个/厘米，单株总角果数218个，角果长5.5厘米，角果宽0.31厘米，平均每角粒数20.6粒，千粒重4.91克，种皮黄褐色。

品质性状： ADJYMT-1号种子芥酸0.55%，硫苷35.19微摩尔/克·饼，含油率45.62%，蛋白质26.65%，油酸66.80%。蕾薹期薹下部水分含量85.1%，薹中部水分含量72.9%，薹上部水分含量56.1%。

材料来源： ADJYT-1号是贵州省油菜研究所和贵州禾睦福种子有限公司利用自育材料显R、2263和GRC1474聚合杂交转育，经多年多代定向选育而成半矮秆、多叶、多茎的菜用油菜材料。

特征特性： ADJYT-1号属甘蓝型半冬性半矮秆、多叶、多茎的菜用油菜材料，育苗移栽全生育期216天。子叶及幼茎绿色，心叶浅绿色，无刺毛，基叶绿色，叶脉白色，叶缘锯齿状，蜡粉少，半直立生长，裂叶4对，主茎总叶片数42叶，最大叶长24.5厘米，最大叶宽16.4厘米。薹茎绿色，薹茎叶狭长三角形、半抱茎着生。花瓣小、褶皱、侧叠着生，花深黄色。上生分枝型，株型筒形，角果黄绿色，直生型。株高162厘米，有效分枝部位高125厘米，一次分枝数2个，主茎数4个，主花序平均长25厘米，主花序平均角果数27个，主花序平均角果密度1.08个/厘米，单株总角果数123个，角果长6.2厘米，角果宽度0.38厘米，平均每角粒数17.9粒，千粒重3.38克，种皮黄褐色。

品质性状： ADJYT-1号种子芥酸0.00%，硫苷52.20微摩尔/克·饼，含油率47.01%，蛋白质22.92%，油酸64.68%。蕾薹期薹下部水分含量86.8%，薹中部水分含量76.4%，薹上部水分含量49.1%。

136.甘蓝型菜用油菜ADJYT-2号

材料来源：ADJYT-2号是贵州省油菜研究所和贵州禾睦福种子有限公司利用自育材料D12、50A和中双11选系聚合杂交转育，经多年多代定向选育而成半矮秆、多叶、多茎的菜用油菜材料。

特征特性：ADJYT-2号属甘蓝型半冬性半矮秆、多叶、多茎的菜用油菜材料，育苗移栽全生育期219天。子叶及幼茎绿色，心叶浅绿色，无刺毛，基叶绿色，叶脉白色，叶缘锯齿状，蜡粉少，半直立生长，裂叶3对，主茎总叶片数46叶，最大叶长20.7厘米，最大叶宽12.7厘米。薹茎绿色，薹茎叶狭长三角形、半抱茎着生。花瓣较大、平展、侧叠着生，花深黄色。上生分枝型，株型筒形，角果黄绿色，斜生型。株高160厘米，有效分枝部位高110厘米，一次分枝数4个，主茎数5个，主花序平均长33厘米，主花序平均角果数24个，主花序平均角果密度0.73个/厘米，单株总角果数141个，角果长5.47厘米，角果宽度0.41厘米，平均每角粒数15.9粒，千粒重4.69克，种皮黄褐色。

品质性状：ADJYT-2号种子芥酸0.00%，硫苷27.40微摩尔/克·饼，含油率45.04%，蛋白质26.65%，油酸65.01%。蕾薹期薹下部水分含量89.4%，薹中部水分含量75.5%，薹上部水分含量67.2%。

材料来源： ADJYT-3号是贵州省油菜研究所和贵州禾睦福种子有限公司利用自育材料显R和GRB252杂交，经多年多代定向选育而成的半矮秆、多叶、多茎菜用油菜材料。

特征特性： ADJYT-3号属甘蓝型半冬性半矮秆、多叶、多茎菜用油菜材料，育苗移栽全生育期223天。子叶及幼茎绿色，心叶浅绿色，无刺毛，基叶绿色，叶脉白色，叶缘锯齿状，蜡粉无，半直立生长，裂叶5对，主茎总叶片数58叶，最大叶长39厘米，最大叶宽18.5厘米。薹茎绿色，薹茎叶狭长三角形、半抱茎着生。花瓣较大、平展、侧叠着生，花深黄色。上生分枝型，株型帚形，角果黄绿色，直生型。株高150厘米，有效分枝部位高95厘米，一次分枝数4个，主茎数3个，主花序平均长25厘米，主花序平均角果数30个，主花序平均角果密度1.20个/厘米，单株总角果数113个，角果长5.9厘米，角果宽0.32厘米，平均每角粒数19.7粒，千粒重5.88克，种皮黑褐色。

品质性状： ADJYT-3号种子芥酸0.00%，硫苷29.94微摩尔/克·饼，含油率42.99%，蛋白质26.11%，油酸65.30%。蕾薹期薹下部水分含量83.5%，薹中部水分含量78.3%，薹上部水分含量65.5%。

材料来源：ADJYT-4号是贵州省油菜研究所和贵州禾睦福种子有限公司利用自育材料显R、2366、57R、GRB252、中油常规和浙18R选系聚合杂交，经多年多代定向选育而成的半矮秆、多叶、多茎菜用油菜材料。

特征特性：ADJYT-4号属甘蓝型半冬性半矮秆、多叶、多茎菜用油菜材料，育苗移栽全生育期240天。子叶及幼茎绿色，心叶浅绿色，无刺毛，基叶绿色，叶脉白色，叶缘波浪状，蜡粉少，半直立生长，裂叶10对，主茎总叶片数109叶，最大叶长34.5厘米，最大叶宽14厘米。薹茎绿色，薹茎叶剑形、抱茎着生。花瓣大、平展、分离着生，花深黄色。上生分枝型，株型筒形，角果黄绿色，直生型。株高160厘米，有效分枝部位高35厘米，一次分枝数5个，主茎数9个，主花序平均长50厘米，主花序平均角果数26个，主花序平均角果密度0.52个/厘米，单株总角果数258个，角果长10.33厘米，角果宽0.46厘米，平均每角粒数17粒，千粒重5.57克，种皮黄褐色。

品质性状：ADJYT-4号芥酸0.00%，硫苷29.96微摩尔/克·饼，含油率40.75%，蛋白质26.15%，油酸63.75%。蕾薹期薹下部水分含量89.5%，薹中部水分含量72.9%，薹上部水分含量58.5%。每100克菜薹中维生素C含量47.2毫克，β-胡萝卜素含量660微克，钙含量103毫克。

材料来源： ADJYT-5号是贵州省油菜研究所和贵州禾睦福种子有限公司利用自育材料显R、2366、57R、GRB252和中油常规与浙18R选系聚合杂交，经多年多代定向选育而成的半矮秆、多叶、多茎、大籽粒菜用油菜材料。

特征特性： ADJYT-5号属甘蓝型半冬性半矮秆、多叶、多茎、大籽粒菜用油菜材料，育苗移栽全生育期218天。子叶及幼茎绿色，心叶浅绿色，无刺毛，基叶绿色，叶脉白色，叶缘波浪状，蜡粉少，半直立生长，裂叶11对，主茎总叶片数95叶，最大叶长29.6厘米，最大叶宽14.2厘米。薹茎绿色，薹茎叶剑形、半抱茎着生。花瓣大、平展、侧叠着生，花深黄色。上生分枝型，株型筒形，角果黄绿色，直生型。株高155厘米，有效分枝部位高50厘米，一次分枝数4个，主茎数8个，主花序平均长35厘米，主花序平均角果数10个，主花序平均角果密度0.48个/厘米，单株总角果数95个，角果长8.5厘米，角果宽0.44厘米，平均每角粒数24.6粒，千粒重6.67克，种皮黄褐色。

品质性状： ADJYT-5号种子芥酸0.00%，硫苷34.05微摩尔/克·饼，含油率41.36%，蛋白质27.09%，油酸62.10%。蕾薹期薹下部水分含量88.4%，薹中部水分含量75.4%，薹上部水分含量49.6%。

材料来源： AT-1号是贵州省油菜研究所和贵州禾睦福种子有限公司利用自育材料3AB选系经多年多代定向选育成半矮秆、高油的菜用油菜材料。

特征特性： AT-1号属甘蓝型半冬性半矮秆、高油的菜用油菜材料，育苗移栽全生育期204天。子叶及幼茎绿色，心叶浅绿色，无刺毛，基叶绿色，叶脉白色，叶缘波浪状，蜡粉少，半直立生长，裂叶4对，主茎总叶片数16叶，最大叶长18厘米，最大叶宽13.1厘米。薹茎绿色，薹茎叶狭长三角形、半抱茎着生。花瓣较大、平展、侧叠着生，花黄色。上生分枝型，株型扇形，角果黄绿色，斜生型。株高140厘米，有效分枝部位高50厘米，一次分枝数7个，主花序平均长58厘米，主花序平均角果数58个，主花序平均角果密度1.17个/厘米，单株总角果数126个，角果长7.3厘米，角果宽0.39厘米，平均每角粒数25.8粒，千粒重5.28克，种皮褐色。

品质性状： AT-1号种子芥酸0.00%，硫苷28.16微摩尔/克·饼，含油率55.61%，蛋白质18.68%，油酸76.00%。初花期薹下部水分含量81.4%，薹中部水分含量70.7%，薹上部水分含量51.9%。

材料来源: DJYMT-1号是贵州省油菜研究所和贵州禾睦福种子有限公司利用自育材料显R和GRB252杂交转育,经多年多代定向选育而成的多叶、多茎、密角菜用油菜材料。

特征特性: DJYMT-1号属甘蓝型半冬性多叶、多茎、密角菜用油菜材料,育苗移栽全生育期218天。子叶及幼茎绿色,心叶浅绿色,无刺毛,基叶绿色,叶脉白色,叶缘波浪状,蜡粉少,半直立生长,裂叶5对,主茎总叶片数37叶,最大叶长35厘米,最大叶宽18厘米。薹茎绿色,薹茎叶剑形、半抱茎着生。花瓣小、平展、侧叠着生,花深黄色。上生分枝型,株型帚形,角果黄绿色,直生型。株高200厘米,有效分枝部位高80厘米,一次分枝数8个,主茎数4个,主花序平均长33厘米,主花序平均角果数68个,主花序平均角果密度2.06个/厘米,单株总角果数327个,角果长6.26厘米,角果宽0.46厘米,每角粒数13.7粒,千粒重4.56克,种皮黄色。

品质性状: DJYMT-1号种子芥酸0.74%,硫苷58.01微摩尔/克·饼,含油率39.94%,蛋白质26.72%,油酸66.68%。蕾薹期薹下部水分含量92.1%,薹中部水分含量80.5%,薹上部水分含量69.3%。

材料来源： DJYMT-2 号是贵州省油菜研究所和贵州禾睦福种子有限公司利用自育材料显 R 和 GRB252 杂交转育，经多年多代定向选育而成的多叶、多茎、密角菜用油菜材料。

特征特性： DJYMT-2 号属甘蓝型半冬性多叶、多茎、密角菜用油菜材料，育苗移栽全生育期 220 天。子叶及幼茎绿色，心叶浅绿色，无刺毛，基叶绿色，叶脉白色，叶缘波浪状，蜡粉少，半直立生长，裂叶 5 对，主茎总叶片数 56 叶，最大叶长 28 厘米，最大叶宽 18 厘米。薹茎绿色，薹茎叶剑形、半抱茎着生。花瓣较大、褶皱、侧叠着生，花深黄色。上生分枝型，株型帚形，角果色泽为枇杷黄，直生型。株高 195 厘米，有效分枝部位高 110 厘米，一次分枝数 5 个，主茎数 3 个，主花序平均长 41 厘米，主花序平均角果数 86 个，主花序平均角果密度 2.10 个 / 厘米，单株总角果数 293 个，角果长 6.49 厘米，角果宽 0.39 厘米，平均每角粒数 13.1 粒，千粒重 4.42 克，种皮黄色。

品质性状： DJYMT-2 号种子芥酸 0.62%，硫苷 55.15 微摩尔 / 克·饼，含油率 39.70%，蛋白质 28.49%，油酸 55.06%。蕾薹期薹下部水分含量 90.1%，薹中部水分含量 85.2%，薹上部水分含量 59.3%。

143. 甘蓝型菜用油菜DJYT-1号

材料来源： DJYT-1号是贵州省油菜研究所和贵州禾睦福种子有限公司利用自育材料油10RA和油科1号B选系杂交转育，经多年多代定向选育成的多叶、多茎菜用油菜材料。

特征特性： DJYT-1号属甘蓝型半冬性多叶、多茎菜用油菜材料，育苗移栽全生育期210天。子叶及幼茎绿色，心叶浅绿色，无刺毛，基叶绿色，叶脉白色，叶缘波浪状，蜡粉无，半直立生长，裂叶7对，主茎总叶片数45叶，最大叶长34.5厘米，最大叶宽12厘米。薹茎绿色，薹茎叶剑形、半抱茎着生。花瓣较大、平展、侧叠着生，花黄色。上生分枝型，株型筒形，角果黄绿色，直生型。株高175厘米，有效分枝部位高90厘米，一次分枝数15个，主茎数3个，主花序平均长45厘米，主花序平均角果数48个，主花序平均角果密度1.07个/厘米，单株总角果数223个，角果长3.75厘米，角果宽0.26厘米，平均每角粒数13.8粒，千粒重4.68克，种皮红褐色。

品质性状： DJYT-1号种子芥酸0.00%，硫苷30.12微摩尔/克·饼，含油率44.23%，蛋白质26.72%，油酸62.57%。蕾薹期薹下部水分含量89.5%，薹中部水分含量71.4%，薹上部水分含量56.5%。每100克菜薹中维生素C含量27.2毫克、β-胡萝卜素含量931微克、钙含量109毫克。

材料来源：DJYT-2号是贵州省油菜研究所和贵州禾睦福种子有限公司利用自育材料3361A和多头密角油菜杂交转育，经多年多代定向选育成的多叶、多茎菜用油菜材料。

特征特性：DJYT-2号属甘蓝型半冬性多叶、多茎菜用油菜材料，育苗移栽全生育期221天。子叶及幼茎绿色，心叶浅绿色，无刺毛，基叶绿色，叶脉白色，叶缘锯齿状，无蜡粉，半直立生长，裂叶6对，主茎总叶片数48叶，最大叶长29厘米，最大叶宽13.5厘米。薹茎绿色，薹茎叶剑形、半抱茎着生。花瓣较大、平展、侧叠着生，花黄色。上生分枝型，株型扇形，角果黄绿色，斜生型。株高186厘米，有效分枝部位高86厘米，一次分枝数16个，主茎数4个，主花序平均长66厘米，主花序平均角果数56个，主花序平均角果密度0.85个/厘米，单株总角果数358个，角果长8.14厘米，角果宽0.5厘米，平均每角粒数23.6粒，千粒重4.72克，种皮黄褐色。

品质性状：DJYT-2号种子芥酸0.51%，硫苷32.75微摩尔/克·饼，含油率43.31%，蛋白质26.35%，油酸64.14%。蕾薹期薹下部水分含量89.7%，薹中部水分含量88.9%，薹上部水分含量53.1%。

材料来源： DJYT-3号是贵州省油菜研究所和贵州禾睦福种子有限公司利用自育材料3361A密角、LB、2822和中油常规选系聚合杂交转育，经多年多代定向选育而成的多叶、多茎菜用油菜材料。

特征特性： DJYT-3号属甘蓝型半冬性多叶、多茎菜用油菜材料，育苗移栽全生育期230天。子叶及幼茎绿色，心叶浅绿色，无刺毛，基叶绿色，叶脉白色，叶缘波浪状，蜡粉少，半直立生长，裂叶4对，主茎总叶片数31叶，最大叶长44.5厘米，最大叶宽21.3厘米。薹茎绿色，薹茎叶剑形、半抱茎着生。花瓣较大、平展、侧叠着生，花黄色。上生分枝型，株型筒形，角果黄绿色，直生型。株高185厘米，有效分枝部位高55厘米，一次分枝数3个，主茎数5个，主花序平均长45厘米，主花序平均角果数48个，主花序平均角果密度1.06个/厘米，单株总角果数259个，角果长5.4厘米，角果宽0.29厘米，平均每角粒数21粒，千粒重5.31克，种皮红褐色。

品质性状： DJYT-3号种子芥酸0.00%，硫苷28.45微摩尔/克·饼，含油率39.28%，蛋白质27.52%，油酸59.17%。蕾薹期薹下部水分含量86.6%，薹中部水分含量81.9%，薹上部水分含量65.1%。每100克菜薹中维生素C含量15毫克，β-胡萝卜素含量1 560微克，钙含量173毫克。

材料来源： DJYT-4号是贵州省油菜研究所和贵州禾睦福种子有限公司利用自育材料 GRD460 和浙18RC选系杂交转育，经多年多代定向选育而成的多叶、多茎菜用油菜材料。

特征特性： DJYT-4号属甘蓝型半冬性多叶、多茎菜用油菜材料，全生育期224天。子叶及幼茎绿色，心叶浅绿色，无刺毛，基叶绿色，叶脉白色，叶缘波浪状，蜡粉少，半直立生长，裂叶2对，主茎总叶片数37叶，最大叶长29厘米，最大叶宽15.5厘米。薹茎绿色，薹茎叶剑形、半抱茎着生。花瓣大、褶皱、侧叠着生，花黄色。匀生分枝型，株型扇形，角果黄绿色，斜生型。株高205厘米，有效分枝部位高48厘米，一次分枝数11个，主茎数3个，主花序平均长43厘米，主花序平均角果数52个，主花序平均角果密度1.21个/厘米，单株总角果数235个，角果长8.24厘米，角果宽0.5厘米，平均每角粒数20.5粒，千粒重4.02克，种皮黄褐色。

品质性状： DJYT-4号种子芥酸0.12%，硫苷32.79微摩尔/克·饼，含油率37.72%，蛋白质26.50%，油酸63.28%。蕾薹期薹下部水分含量90.9%，薹中部水分含量82.1%，薹上部水分含量70.9%。

材料来源： DJYT-5号是贵州省油菜研究所和贵州禾睦福种子有限公司利用自育材料显R和GRB252杂交转育，经多年多代定向选育而成的多叶、多茎菜用油菜材料。

特征特性： DJYT-5号属甘蓝型半冬性多叶、多茎菜用油菜材料，育苗移栽全生育期231天。子叶及幼茎绿色，心叶浅绿色，无刺毛，基叶绿色，叶脉白色，叶缘波浪状，蜡粉少，半直立生长，裂叶4对，主茎总叶片数55叶，最大叶长34.1厘米，最大叶宽16厘米。薹茎绿色，薹茎叶狭长三角形、半抱茎着生。花瓣大、褶皱、侧叠着生，花黄色。匀生分枝型，株型扇形，角果黄绿色，直生型。株高175厘米，有效分枝部位高80厘米，一次分枝数9个，主茎数3个，主花序平均长55厘米，主花序平均角果数71个，主花序平均角果密度1.29个/厘米，单株总角果数317个，角果长6.3厘米，角果宽0.47厘米，平均每角粒数17.6粒，千粒重4.07克，种皮红褐色。

品质性状： DJYT-5号种子芥酸0.00%，硫苷42.98微摩尔/克·饼，含油率35.46%，蛋白质25.48%，油酸64.10%。蕾薹期薹下部水分含量92.3%，薹中部水分含量82.2%，薹上部水分含量65.7%。

材料来源： DJT-1号是贵州省油菜研究所和贵州禾睦福种子有限公司利用自育材料显R、2263和GRC1474聚合杂交转育，经多年多代定向选育而成的多茎菜用油菜材料。

特征特性： DJT-1号属甘蓝型半冬性多茎菜用油菜材料，育苗移栽全生育期225天。子叶及幼茎绿色，心叶浅绿色，无刺毛，基叶油绿色，叶脉白色，叶缘波浪状，蜡粉少，半直立生长，裂叶3对，主茎总叶片数26叶，最大叶长29.5厘米，最大叶宽15.3厘米。薹茎绿色，薹茎叶剑形、半抱茎着生。花瓣较大、褶皱、覆瓦状着生，花黄色。匀生分枝型，株型扇形，角果微紫色，斜生型。株高195厘米，有效分枝部位高20厘米，一次分枝数15个，主茎数3个，主花序平均长56厘米，主花序平均角果数74个，主花序平均角果密度1.32个/厘米，单株总角果数326个，角果长9.17厘米，角果宽0.41厘米，平均每角粒数31.2粒，千粒重4.16克，种皮黄褐色。

品质性状： DJT-1号芥酸0.00％，硫苷38.04微摩尔/克·饼，含油率51.49％，蛋白质20.96％，油酸66.76％。蕾薹期薹下部水分含量86.6％，薹中部水分含量82.5％，薹上部水分含量62.7％。

149. 甘蓝型菜用油菜MT-1

材料来源： MT-1是贵州省油菜研究所和贵州禾睦福种子有限公司利用自育材料XB经多年多代定向选育而成的多枝、密角菜用油菜材料。

特征特性： MT-1属甘蓝型半冬性多枝、密角菜用油菜材料，育苗移栽全生育期228天。子叶及幼茎绿色，心叶浅绿色，无刺毛，基叶绿色，叶脉白色，叶缘波浪状，蜡粉少，半直立生长，裂叶4对，主茎总叶片数20叶，最大叶长45厘米，最大叶宽19厘米。薹茎绿色，薹茎叶剑形、抱茎着生。花瓣大、褶皱、侧叠着生，花黄色。上生分枝型，株型扇形，角果黄绿色，直生型。株高235厘米，有效分枝部位高70厘米，一次分枝数20个，主花序长70厘米，主花序角果数234个，主花序角平均果密度3.34个/厘米，单株总角果数684个，角果长10.75厘米，角果宽0.6厘米，平均每角粒数30.6粒，千粒重4.28克，种皮红褐色。

品质性状： MT-1种子芥酸5.65%，硫苷35.62微摩尔/克·饼，含油率40.26%，蛋白质25.73%，油酸59.61%。蕾薹期薹下部水分含量93.1%，薹中部水分含量81.6%，薹上部水分含量68.4%。

材料来源： T-1号是贵州省油菜研究所和贵州禾睦福种子有限公司利用自育材料显R、57R、2366与浙18R选系聚合杂交转育，经多年多代定向选育而成早熟、长角的菜用油菜材料。

特征特性： T-1号属甘蓝型半冬性早熟、长角的菜用油菜材料，育苗移栽全生育期209天。子叶绿色，幼茎及心叶浅绿色，无刺毛，基叶绿色，叶脉白色，叶缘波浪状，蜡粉少，半直立生长，裂叶6对，主茎总叶片数20叶，最大叶长23.1厘米，最大叶宽17.6厘米。薹茎绿色，薹茎叶剑形、半抱茎着生。花瓣较大、平展、侧叠着生，花黄色。匀生分枝型，株型呈扇形，角果黄绿色，直生型。株高180厘米，有效分枝部位高60厘米，一次分枝数8个，主花序平均长70厘米，主花序平均角果数77个，主花序平均角果密度1.10个/厘米，单株总角果数202个，角果长9.29厘米，角果宽0.41厘米，平均每角粒数32.6粒，千粒重5.26克，种皮褐色。

品质性状： T-1号种子芥酸0.00％，硫苷38.82微摩尔/克·饼，含油率49.32％，蛋白质21.83％，油酸61.81％。蕾薹期薹下部水分含量91.5％，薹中部水分含量77.4％，薹上部水分含量46.4％。

材料来源：T-2号是贵州省油菜研究所和贵州禾睦福种子有限公司利用自育材料显R-1经多年多代定向选育而成的长角、高油、高油酸菜用油菜材料。

特征特性：T-2号属甘蓝型半冬性长角、高油、高油酸菜用油菜材料，育苗移栽全生育期220天。子叶及幼茎绿色，心叶浅绿色，无刺毛，基叶绿色，叶脉白色，叶缘波浪状，蜡粉少，半直立生长，裂叶3对，主茎总叶片数14叶，最大叶长22.5厘米，最大叶宽19厘米。薹茎绿色，薹茎叶剑形、抱茎着生。花瓣较大、平展、侧叠着生，花深黄色。匀生分枝型，株型扇形，角果黄绿色，直生型。株高180厘米，有效分枝部位高63厘米，一次分枝数6个，主花序平均长65厘米，主花序平均角果数64个，主花序平均角果密度0.98个/厘米，单株总角果数117个，角果长10.01厘米，角果宽0.43厘米，平均每角粒数36.2粒，千粒重4.13克，种皮红褐色。

品质性状：T-2号种子芥酸0.00%，硫苷37.34微摩尔/克·饼，含油率58.17%，蛋白质15.13%，油酸75.98%。蕾薹期薹下部水分含量92.3%，薹中部水分含量87.7%，薹上部水分含量53.1%。

材料来源： T-3号是贵州省油菜研究所和贵州禾睦福种子有限公司利用自育材料显R和GRB252杂交转育，经多年多代定向选育而成的多枝菜用油菜材料。

特征特性： T-3号属甘蓝型半冬性多枝菜用油菜材料，育苗移栽全生育期223天。子叶及幼茎绿色，心叶浅绿色，无刺毛，基叶绿色，叶脉白色，叶缘波浪状，蜡粉少，半直立生长，裂叶6对，主茎总叶片数23叶，最大叶长39厘米，最大叶宽16.7厘米。薹茎绿色，薹茎叶剑形、半抱茎着生。花瓣小、平展、侧叠着生，花深黄色。匀生分枝型，株型扇形，角果黄绿色，直生型。株高240厘米，有效分枝部位高75厘米，一次分枝数10个，主花序长70厘米，主花序平均角果数92个，主花序平均角果密度1.31个/厘米，单株总角果数388个，角果长7.76厘米，角果宽0.46厘米，平均每角粒数24粒，千粒重5.72克，种皮黄褐色。

品质性状： T-3号种子芥酸0.12%，硫苷32.79微摩尔/克·饼，含油率37.72%，蛋白质26.50%，油酸63.28%。蕾薹期薹下部水分含量89.3%，薹中部水分含量82.5%，薹上部水分含量56.7%。

153.甘蓝型饲用油菜牪饲1号

材料来源： 贵州省油菜研究所和贵州禾睦福种子有限公司以自育核不育两型系材料2AB-157作母本、粗蛋白含量较高的显R1作父本，育成杂交组合牪饲1号。该组合已经过多年多点区域试验，并通过了DUS测试。

特征特性： 牪饲1号属甘蓝型半冬性高蛋白、高生物产量油菜品种，育苗移栽全生育期220天。子叶绿色，幼茎绿色，心叶黄绿色，无刺毛，基叶浅绿色，叶脉白色，叶缘锯齿状，蜡粉少，半直立生长，裂叶6对，主茎总叶片数19叶，最大叶长32厘米，最大叶宽17厘米。薹茎绿色，薹茎叶剑形、不抱茎着生。花瓣较大、平展、侧叠着生，花黄色。匀生分枝型，株型扇形，角果黄绿色，斜生型。株高200厘米，有效分枝部位高83厘米，一次分枝数9个，主花序平均长59厘米，主花序平均角果数85个，主花序平均角果密度1.44个/厘米，单株总角果数396个，角果长7.76厘米，角果宽0.57厘米，平均每角粒数26.17粒，千粒重3.85克，种皮黄褐色。

品质及生物产量性状： 牪饲1号种子芥酸0.00%，硫苷38.87微摩尔/克·饼，含油率46.87%，蛋白质23.31%，油酸64.77%。植株蕾薹期粗蛋白含量26.48%，初花期粗蛋白含量21.92%，盛花期粗蛋白含量20.71%，终花期全株生物产量6.23吨/亩。

材料来源： 贵州省油菜研究所和贵州禾睦福种子有限公司利用自育核不育两型系材料"4AB"作母本、粗蛋白含量较高的显R1作父本，育成杂交组合牲饲2号。该组合已经过多年多点区域试验，并通过了DUS测试。

特征特性： 牲饲2号属甘蓝型半冬性高蛋白、高生物产量油菜品种，育苗移栽全生育期218天。子叶绿色，幼茎绿色，心叶黄绿色，无刺毛，基叶浅绿色，叶脉白色，叶缘波浪状，蜡粉少，半直立生长，裂叶5对，主茎总叶片数26叶，最大叶长32厘米，最大叶宽17厘米。薹茎绿色，薹茎叶剑形、不抱茎着生。花瓣大、平展、侧叠着生，花黄色。匀生分枝型，株型扇形，角果黄绿色，斜生型。株高208厘米，有效分枝部位高32厘米，一次分枝数16个，主花序平均长53厘米，主花序平均角果数63个，主花序平均角果密度1.19个/厘米，单株总角果数918个，角果长6.92厘米，角果宽0.6厘米，平均每角粒数23.33粒，千粒重3.79克，种皮黄褐色。

品质及生物产量性状： 牲饲2号种子芥酸0.43%，硫苷37.06微摩尔/克·饼，含油率45.87%，蛋白质23.46%，油酸65.55%。植株蕾薹期粗蛋白含量25.72%，初花期粗蛋白含量21.92%，盛花期粗蛋白含量20.04%，终花期全株生物产量6.26吨/亩。

155.甘蓝型饲用油菜牲饲3号

材料来源：牲饲3号是贵州省油菜研究所和贵州禾睦福种子有限公司以03-油301材料为母本，以12-2353、12-3459、12-3433、12-HIII823、12-HIII834等10个品系材料为父本，混合杂交群体经系统选育而成的常规品种。

特征特性：牲饲3号属甘蓝型半冬性高生物产量、多角果油菜品种，育苗移栽全生育期223天。子叶绿色，幼茎绿色，心叶黄绿色，无刺毛，基叶浅绿色，叶脉白色，叶缘波浪状，蜡粉少，半直立生长，裂叶5对，主茎总叶片数24叶，最大叶长44厘米，最大叶宽19厘米。薹茎绿色，薹茎叶剑形、不抱茎着生。花瓣大、平展、分离着生，花黄色。匀生分枝型，株型扇形，角果黄绿色，斜生型。株高196厘米，有效分枝部位高20厘米，一次分枝数19个，主花序平均长43厘米，主花序平均角果数62个，主花序平均角果密度1.44个/厘米，单株总角果数1 123个，角果长5.59厘米，角果宽0.47厘米，平均每角粒数25.96粒，千粒重3.53克，种皮黄褐色。

品质及生物产量性状：牲饲3号种子芥酸1.05％，硫苷41.78微摩尔/克·饼，含油率40.03％，蛋白质24.54％，油酸61.74％。植株蕾薹期粗蛋白含量24.19％，初花期粗蛋白含量21.69％，盛花期粗蛋白含量19.32％，终花期全株生物产量5.93吨/亩。

156.甘蓝型饲用油菜S-1号

材料来源： S-1号是贵州省油菜研究所和贵州禾睦福种子有限公司利用自育材料自主选育，由50R恢复系和油研924品种选系杂交转育，并通过连续多年多代定向选系选育获得的高生物产量的饲用油菜材料。

特征特性： S-1号属甘蓝型半冬性高生物产量饲用油菜材料，育苗移栽全生育期221天。子叶绿色，幼茎绿色，心叶黄绿色，无刺毛，基叶浅绿色，叶脉白色，叶缘波浪状，蜡粉少，半直立生长，裂叶7对，主茎总叶片数23叶，最大叶长42厘米，最大叶宽20厘米。薹茎绿色，薹茎叶披针形、不抱茎着生。花瓣大、平展、侧叠着生，花黄色。匀生分枝型，株型扇形，角果黄绿色，斜生型。株高185厘米，有效分枝部位高70厘米，一次分枝数8个，主花序平均长69厘米，主花序平均角果数78个，主花序平均角果密度1.13个/厘米，单株总角果数125个，角果长7.61厘米，角果宽0.52厘米，平均每角粒数23.5粒，千粒重6.34克，种皮黄褐色。

品质及生物产量性状： S-1号种子芥酸0.70%，硫苷31.82微摩尔/克·饼，含油率49.82%，蛋白质23.21%，油酸66.4%，终花期全株生物产量5.45吨/亩。

材料来源：S-2号是贵州省油菜研究所和贵州禾睦福种子有限公司利用自育材料自主选育，由芜菁甘蓝、秦2和57R恢复系聚合杂交转育，并通过多年多代定向选系选育获得的高生物产量饲用油菜材料。

特征特性：S-2号属甘蓝型半冬性高生物产量饲用油菜材料，育苗移栽全生育期217天。子叶绿色，幼茎绿色，心叶黄绿色，无刺毛，基叶浅绿色，叶脉白色，叶缘波浪状，蜡粉少，半直立生长，裂叶5对，主茎总叶片数23叶，最大叶长40厘米，最大叶宽18厘米。薹茎绿色，薹茎叶剑形、半抱茎着生。花瓣较大、平展、覆瓦形着生，花黄色。上生分枝型，株型扇形，角果黄绿色，斜生型。株高188厘米，有效分枝部位高47厘米，一次分枝数9个，主花序平均长73厘米，主花序平均角果数92个，主花序平均角果密度1.26个/厘米，单株总角果数105个，角果长5.01厘米，角果宽0.53厘米，平均每角粒数23.07粒，千粒重4.29克，种皮黑色。

品质及生物产量性状：S-2号种子芥酸0.00%，硫苷61.44微摩尔/克·饼，含油率46.16%，蛋白质23.34%，油酸67.02%，终花期全株生物产量达5.21吨/亩。

材料来源： S-3号是贵州省油菜研究所和贵州禾睦福种子有限公司利用自育材料隐性核不育两型系"117AB"选系通过多年多代定向选系选育获得的高蛋白、高生物产量饲用油菜材料。

特征特性： S-3号属甘蓝型半冬性高蛋白、高生物产量饲用油菜材料，育苗移栽全生育期219天。子叶绿色，幼茎绿色，心叶黄绿色，无刺毛，基叶浅绿色，叶脉白色，叶缘波浪状，蜡粉少，半直立生长，裂叶6对，主茎总叶片数25叶，最大叶长41厘米，最大叶宽22厘米。薹茎绿色，薹茎叶剑形、半抱茎着生。花瓣大、平展、侧叠着生，花黄色。匀生分枝型，株型扇形，角果黄绿色，平生型。株高260厘米，有效分枝部位高70厘米，一次分枝数10个，主花序平均长82厘米，主花序平均角果数98个，主花序平均角果密度1.19个/厘米，单株有效角果数492个，角果长7.51厘米，角果宽0.55厘米，平均每角粒数20.93粒，千粒重5.16克，种皮褐色。

品质及生物产量性状： S-3号种子芥酸0.00%，硫苷26.58微摩尔/克·饼，含油率49.89%，蛋白质21.21%，油酸71.20%。植株蕾薹期粗蛋白含量25.86%，终花期全株生物产量6.19吨/亩。

材料来源：S-4号是贵州省油菜研究所和贵州禾睦福种子有限公司利用自育材料4328和油研924杂交转育，通过连续多年多代定向选系选育获得的高生物产量饲用油菜材料。

特征特性：S-4号属甘蓝型半冬性高生物产量饲用油菜材料，育苗移栽全生育期215天。子叶绿色，幼茎绿色，心叶黄绿色，无刺毛，基叶浅绿色，叶脉白色，叶缘波浪状，蜡粉少，半直立生长，裂叶5对，主茎总叶片数18叶，最大叶长34厘米，最大叶宽20厘米。薹茎绿色，薹茎叶剑形、不抱茎着生。花瓣大、平展、侧叠着生，花黄色。平生分枝型，株型扇形，角果黄绿色，斜生型。株高255厘米，有效分枝部位高88厘米，一次分枝数11个，主花序平均长45厘米，主花序平均角果数84个，主花序平均角果密度1.87个/厘米，单株总角果数187个，角果长8.25厘米，角果宽0.45厘米，平均每角粒数22.17粒，千粒重4.35克，种皮黑褐色。

品质及生物产量性状：S-4号种子芥酸0.00%，硫苷37.77微摩尔/克·饼，含油率43.56%，蛋白质23.10%，油酸63.31%，终花期全株生物产量5.34吨/亩。

材料来源: S-5号是贵州省油菜研究所和贵州禾睦福种子有限公司利用自育材料4AB选系经过连续多年多代定向选系选育得到的高蛋白、高生物产量的饲用油菜材料。

特征特性: S-5号属甘蓝型半冬性高蛋白、高生物产量的饲用油菜材料,育苗移栽全生育期216天。子叶绿色,幼茎绿色,心叶黄绿色,无刺毛,基叶浅绿色,叶脉白色,叶缘波浪状,蜡粉少,直立生长,裂叶4对,主茎总叶片数18叶,最大叶长35厘米,最大叶宽17厘米。薹茎绿色,薹茎叶披针形、半抱茎着生。花瓣大、平展、侧叠着生,花黄色。匀生分枝型,株型扇形,角果黄绿色,斜生型。株高252厘米,有效分枝部位高65厘米,一次分枝数8个,主花序平均长79厘米,主花序平均角果数94个,主花序平均角果密度1.19个/厘米,单株总角果数273个,角果长7.72厘米,角果宽0.54厘米,平均每角粒数19.37粒,千粒重4.97克,种皮黑色。

品质及生物产量性状: S-5号种子芥酸0.80%,硫苷36.45微摩尔/克·饼,含油率49.64%,蛋白质22.24%,油酸57.79%。植株蕾薹期粗蛋白含量25.56%,终花期全株生物产量5.62吨/亩。

材料来源： S-6号是贵州省油菜研究所和贵州禾睦福种子有限公司利用自育隐性核不育两型系材料3361A、50B和3984保持系聚合杂交转育，经过多年多代定向选系选育获得的高生物产量饲用油菜材料。

特征特性： S-6号属甘蓝型半冬性高生物产量饲用油菜材料，育苗移栽全生育期219天。子叶绿色，幼茎绿色，心叶黄绿色，无刺毛，基叶浅绿色，叶脉白色，叶缘波浪状，蜡粉少，半直立生长，裂叶3对，主茎总叶片数20叶，最大叶长42厘米，最大叶宽23厘米。薹茎绿色，薹茎叶剑形、半抱茎着生。花瓣大、平展、侧叠着生，花黄色。匀生分枝型，株型扇形，角果黄绿色，斜生型。株高202厘米，有效分枝部位高48厘米，一次分枝数12个，主花序平均长75厘米，主花序平均角果数87个，主花序平均角果密度1.16个/厘米，单株总角果数348个，角果长6.89厘米，角果宽0.57厘米，平均每角粒数22.1粒，千粒重4.16克，种皮黄褐色。

品质及生物产量性状： S-6号种子芥酸0.00%，硫苷30.55微摩尔/克·饼，含油率51.02%，蛋白质21.61%，油酸66.35%，终花期全株生物产量5.76吨/亩。

材料来源： S-7号是贵州省油菜研究所和贵州禾睦福种子有限公司利用自育隐性核不育系材料2AB进行群体改良，再经过连续多年多代定向选系选育得到的高蛋白、高生物产量饲用油菜材料。

特征特性： S-7号属甘蓝型半冬性高蛋白、高生物产量饲用油菜材料，育苗移栽全生育期215天。子叶绿色，幼茎绿色，心叶黄绿色，无刺毛，基叶浅绿色，叶脉白色，叶缘波浪状，蜡粉少，半直立生长，裂叶4对，主茎总叶片数21叶，最大叶长38厘米，最大叶宽15厘米。薹茎绿色，薹茎叶剑形、不抱茎着生。花瓣较大、平展、侧叠着生，花黄色。匀生分枝型，株型扇形，角果黄绿色，斜生型。株高170厘米，有效分枝部位高70厘米，一次分枝数11个，主花序平均长56厘米，主花序平均角果数93个，主花序平均角果密度1.67个/厘米，单株总角果数109个，角果长5.69厘米，角果宽0.55厘米，平均每角粒数23.37粒，千粒重4.07克，种皮褐色。

品质及生物产量性状： S-7号种子芥酸0.00%，硫苷28.47微摩尔/克·饼，含油率50.48%，蛋白质20.96%，油酸68.41%。植株蕾薹期粗蛋白含量26.92%，终花期全株生物产量5.49吨/亩。

陈锋,张洁夫,戚存扣,2012.甘蓝型油菜种质资源遗传多样性分析[J].江苏农业科学,40(11):98-99.

陈海波,2020.我国建成世界最大油料作物种质资源库[J].中国食品(22):156.

陈静,陶贵祥,饶勇,等,2005.贵州油菜品种资源研究进展[J].贵州农业科学,33(B09):64-65.

丁厚栋,张尧锋,余华胜,2009.甘蓝型油菜种质资源的农艺性状聚类分析[J].华北农学报,24(S1):103-105.

董育红,关周博,郑磊,2018.自然封顶、矮秆、紧凑型油菜种质资源的选育及应用[J].中国农学通报,34(28):17-20.

段利云,2008.甘蓝型油菜部分种质资源性状研究与利用评价[D].贵阳:贵州大学.

冯学金,刘根科,2004.甘蓝型油菜种质资源创新途径研究[J].华北农学报(S1):92-96.

何志华,夏燕,2004.黔西北油菜地方品种资源的搜集与评价[J].华北农学报(S1):97-101.

胡泽凡,2018.甘蓝型油菜杂交亲本遗传评价与特异标记开发[D].南宁:广西大学.

雷伟侠,范志雄,阮怀明,2018.甘蓝型油菜种质资源主要经济性状关系分析[J].湖北农业科学,57(13):13-16.

李爱民,蒋金金,张永泰,2008.甘蓝型油菜和白芥属间杂种后代的获得及油菜种质资源创新[C]//中国遗传学会.中国遗传学会第八次代表大会暨学术讨论会论文摘要汇编(2004—2008):2.

李利霞,陈碧云,闫贵欣,等,2020.中国油菜种质资源研究利用策略与进展[J].植物遗传资源学报,21(1):1-19.

刘兵,郭家保,2006.油菜种质资源遗传多样性的研究方法[J].现代农业科技(8):34-35.

刘炳庆,刘凌华,潘强强,等,2021.油菜生产过程机械化存在的问题及应对措施[J].南方农机,52(18):15-17.

马天进,陈锋,李正强,等,2018.贵州油料种质资源利用与保护现状分析[J].种子,37(12):61-65.

宋廷宇,2009.薹菜品质分析及种质资源的亲缘关系研究[D].南京:南京农业大学.

谭河林,覃宝祥,李云,等,2014.油菜叶色突变种质资源筛选与遗传特征初步分析[J].分子植物育种,12(6):1139-1147.

王迪轩,2003.油菜优质高产问答[M].北京:化学工业出版社.

王龙俊,2000.图说油菜[M].南京:江苏凤凰科学技术出版社.

杨斌,刘忠松,肖华贵,等,2021.甘蓝型油菜远缘杂交研究利用进展[J].植物遗传资源学报,22(3):593-602.

张春雷,2000.油菜高效高产技术问答(上)[J].农家顾问(11):32-34.

张冬青,赵坚义,黄孝军,1998.甘蓝型油菜品种资源的若干性状分析[J].浙江农业学报(3):7-10.

张艳欣,张秀荣,孙建,2009.油料作物种质资源核心收集品研究进展[J].植物遗传资源学报,10(1):152-157.

赵亚军,2020.甘蓝型油菜主栽品种遗传多样性分析和种质资源表型精准鉴定[D].杨凌:西北农林科技大学.

赵亚军,王灏,穆建新,等,2018.油菜自育与其他主栽品种的遗传多样性和遗传关系分析[J].分子植物育种,16(8):2714-2722.

中国农业科学院油料作物研究所,1998.中国油菜品种志[M].北京:中国农业出版社.

Shashi Banga, Gurpreet Kaur, Khosla G, et al., 2007.甘蓝型油菜种质资源的多样性和杂种优势(英文)[C]//第十二届国际油菜大会筹备委员会.第十二届国际油菜大会论文集:4.

图书在版编目（CIP）数据

甘蓝型油菜新种质创新／杜才富等著 . —北京：
中国农业出版社，2022.5
ISBN 978-7-109-29324-3

Ⅰ.①甘…　Ⅱ.①杜…　Ⅲ.①油菜－种质资源－研究
Ⅳ.①S634.324

中国版本图书馆CIP数据核字（2022）第058173号

中国农业出版社出版
地址：北京市朝阳区麦子店街18号楼
邮编：100125
责任编辑：魏兆猛
版式设计：杜　然　责任校对：沙凯霖　责任印制：王　宏
印刷：北京通州皇家印刷厂
版次：2022年5月第1版
印次：2022年5月北京第1次印刷
发行：新华书店北京发行所
开本：889mm×1194mm　1/16
印张：11.75
字数：260千字
定价：168.00元